重塑孩子成长课

——一本写给家长的育儿书

罗月秀◎主编

中国商业出版社

图书在版编目（CIP）数据

重塑孩子成长课：一本写给家长的育儿书 / 罗月秀
主编 . -- 北京：中国商业出版社，2021.6
ISBN 978-7-5208-1690-8

Ⅰ . ①重… Ⅱ . ①罗… Ⅲ . ①婴幼儿—哺育 Ⅳ .
① TS976.31

中国版本图书馆 CIP 数据核字（2021）第 139948 号

责任编辑：刘加莹　武维胜

中国商业出版社出版发行
010-63180647　www.c-cbook.com
（100053 北京市广安门内报国寺 1 号）
新华书店经销
武汉鑫佳捷印务有限公司印刷

*

787 毫米 ×1092 毫米　16 开　14.5 印张　205 千字
2021 年 6 月第 1 版　2021 年 6 月第 1 次印刷
定价：48.00 元

* * * *

《重塑孩子成长课》
编写组

主　编　罗月秀

副主编　彭盛森　谭耀华

编　者　朱新良　袁小其　黄敏仪　叶小玲　张勇彪

　　　　何浩强　杨素梅　李玲玲　张　琪　黄　敏

目 录

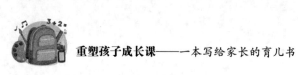

第1课　我爱家校

现场直击

案例一

班主任公布期中考试成绩时，小谢同学的成绩很不理想，心情顿时变得有些低落。当他知道同桌的成绩名列前茅时被吓了一跳，心中非常吃惊，小声地问同桌："咱们俩平时一起上学放学，成绩都是差不多的，这次期中考试你怎么取得这么好的成绩呢？你是不是有什么绝招瞒着我？"

同桌听到后故作神秘地说道："天机不可泄露。"

课后，小谢同学就一直追问同桌是如何提高成绩的，最后同桌经不起他的接连询问，便说道："其实也没什么绝招，我就是回家写完作业再复习一下功课，有不懂的问题向爸爸妈妈请教，爸爸妈妈经常辅导我功课。"

"就这么简单？"小谢同学似懂非懂地问道。

"就这么简单，你也可以试试！"同桌平淡地说道。

……

期末考试公布成绩后，小谢同学成绩排名15名，他开心地向同桌说道："你的办法太有效果了，我一直以来只重视学校的学习，而没有利用到在家的时间，我现在才认识到家校的重要之处。"

案例二

小飞妈妈最近十分苦恼，因为小飞隔三岔五地说不舒服。妈妈带小飞去医院做了全面检查，医生都一再跟妈妈保证说小飞身体真的没问题。可是小飞老说肚子疼，只好去学校把他接回来。

小飞一回到家，便开心地做自己喜欢做的事，比如拼图、玩玩具。妈妈看不过去，问："小飞，医生都说你没事，你是不是不想上学，所以老说不舒服啊？"

小飞边玩边小声地说："我真的不舒服！学校不好玩，都没有小朋友跟我玩，我在学校感觉很孤单。"

妈妈焦急地说："可是你上一个单元已经退步了，再这样下去，你学习怎么跟得上？"

小飞爸爸听了，对小飞说："如果你担心这个的话，爸爸妈妈会去跟学校老师沟通的！我们明天去上学好不好？"

小飞手上抓着玩具，想了一会儿，终于还是答应了。

案例三

吃完晚饭后，彤彤坐在沙发上看电视。

"彤彤，你怎么还不去写作业啊？"妈妈看到彤彤还在看电视，问道。

"等一下！"彤彤沉浸在电视剧情中无法自拔。

妈妈收拾完碗筷，已经半个多小时过去了，从厨房出来时看见彤彤还在看电视。

"彤彤，快点哦！你已经看了很久了，赶快去写作业！"妈妈出声提醒。

彤彤闻言，终于不情不愿地把电视关掉，挪步去自己的房间。

到了九点半，妈妈去彤彤房间准备提醒女儿睡觉了，却发现彤彤的作业还没写完。

"你都写了这么久了，作业这么多吗？"妈妈不解地问道。

"还好……"彤彤边写作业边小声回答。

"你这样不行的，我要反映给老师的。"妈妈担心作业这么多会影响孩子的日常休息。

"不要不要！"彤彤开始激动起来，"是我自己刚刚在玩，没有写作业。"

"你……"妈妈叹了一口气，无奈极了。

问题聚焦

有的时候，学校的教育并不能完全被学生吸收，相反，家中的时间能够帮助学生更好地吸收课堂上没有理解的知识点。因此，对于学生的教育，不仅要让学生懂得利用学校的学习时间，同样也要重视家庭的学习时间。学校的学习时间并不是都能将知识点完全地吸收，在一定程度上可能还会影响学生全面地吸收知识。

一、家庭时间不善利用

案例一中同桌不仅在学校认真对待每一分钟的时间，而且还将家中的时间也合理地利用起来，而小谢同学在学校与同桌一起上下课，一起学习，但是回到家除了完成作业，便不再进行其他的学习和复习，父母也没有起到督促和引导的作用。如此，两者的学习成效显而易见。在后来，小谢同学似懂非懂地了解了同桌的学习方法后，合理地利用家庭的时间，最终在期末考试取得了很大的成效。老师对孩子的在校表现是了解的，父母应多多与老师沟通，家校之间保持沟通渠道的畅通，相互了解孩子在家和学校的表现，才能准确把握教育时机。案例二中小飞同学因在学校交不到朋友而不想上学，却谎称身体不舒服来达到自己的目的，而爸爸妈妈也做到了尊重孩子的想法，没有与孩子发生正面冲突，而是与孩子共同商量解决的方法与对策。孩子在校的人际关系问题可以积极寻求老师的帮助，多与老师沟通，共同找到帮助孩子的方法。案例三中彤彤则是在家由于贪玩分心而不能准时完成作业。这种情况的出现实际上是正常的，孩子的注意力极易分散，需要家长的监督与管理，但是也需要及时遏制不良行为习惯的积累和发展。家长可以与老师沟通了解孩子的在校表现，只要家校合作地去帮助孩子，找出适合孩子的学习方法，情况就会向好的方向发展。

二、学校的教育缺漏

相较于同桌成绩的快速上升，小谢同学成绩不是很理想，同桌成绩的提升在于认识到家校的重要性，懂得利用家中的时间，但是小谢同学没有认识到家里时间的重要性。对此，学校也是有一定责任的，对于教师而言，关于家校的重要性一定在班里提到过，但是依旧有人没有注意到，说明教师对其没有表现出更多的重视程度。因此，造成一部分学生不懂得利用在家学习的时间。

三、案例小结

根据埃里克森的人格发展理论，小学高年级阶段的孩子正处于勤奋与自卑的冲突阶段。在这一阶段的孩子都应在学校接受教育，而学校是训练孩子适应社会、掌握今后生活所必需的知识和技能的地方。如果他们能顺利地完成学习课程，就会获得成就感，这会使他们在今后的独立生活和承担工作任务中充满信心。反之，就容易产生自卑感。当孩子的成就感大于自卑感时，他们就会获得有"能力"的品质。埃里克森说："能力是不因孩子自卑感而被削弱的，完成任务所需要的是自由操作的熟练技能和智慧。"

在案例一中，小谢同学没有执着于自己的失败而感到自卑低落，而是积极地向他人寻求帮助，这是非常及时地行动运用外部资源解决现有问题，同时也取得了一定效果，也让小谢同学意识到家的重要性。

专家支招

一、家庭时间要善于利用

家庭时间在学生人生成长过程中非常重要，对学生人生的成长和完善有很大的推动作用。因此，对于小谢同学学习成绩不理想的问题，可以通过家庭内部的帮助提升，但前提是小谢同学懂得利用在家的时间，以及家庭成员懂得如何去帮助小谢同学。因此，家长要懂得如何帮助小谢同学利用家中的多余时间，引导其进行复习和预习，并加强与学校的沟通，及时掌握小谢同学的学习情况。另一方面，与自己的孩子沟通，加强引导，使其明白只有踏实努力学习，珍惜时间，才会有所收获，学到知识，成绩是靠时间与努力赢来的。

二、学校教育要完备

学校在进行知识教育的时候，不仅要重视学生的课堂学习，还需要积极引导学生进行家庭教学，与家长进行沟通，指导家长合理安排学生的多余时间，并帮助学生进行复习和预习。如：针对案例一中小谢同学的情况，在小谢同学成绩不理想时，班主任应该与其谈话，找到问题的关键之处。并且，还应在班中积极引导学生合理利用家中的时间，懂得如何安排自己的时间，使其爱上学校。

学以致用

一、读世界名著，培养正确的人生取向

请家长挑选一本喜欢的书籍（下表中推荐的书籍供参考）和孩子一起阅读并填写亲子阅读卡，每周填写一次。

"读世界名著，培养正确的人生取向"亲子阅读书目推荐

书名	作者	简介
《老人与海》	海明威	这是现代美国小说作家海明威创作于1952年的一部中篇小说。讲述了一位古巴老渔夫与一条巨大的马林鱼在离岸很远的湾流中搏斗的历程。体现了人类不向命运低头，永不服输的斗士精神和积极向上的乐观人生态度
《孩子把你的手给我》	吉诺特	父母可以帮助孩子成为一个品质高洁的人，一个有着怜悯心、敢于承担责任和义务的人，一个有勇气、充满活力、正直的人。光有爱是不够的，洞察力也不足以胜任，好的父母需要技巧，如何获得并使用这些技巧就是这本书的主要内容

"读世界名著，培养正确的人生取向"亲子阅读卡

阅读时间	书名	父母的心得	孩子的心得

二、做社会义工，感人生方向

请家长选择参加一个社会义工团体，并带领孩子一起参加活动，填写亲子活动卡，每月填写一次。

"做社会义工，感人生方向"亲子活动卡

时间	地点	人物	事情	体会

第 2 课　传统文化

现场直击

案例一

　　某日，小红妈妈和小青妈妈约好了带两个孩子一起上书店给孩子买书，书店里各种书籍琳琅满目，孩子们一会儿看看童话书，一会儿看看科技书……为了给孩子选择更好更有意义的书目，两位妈妈也都认真地翻阅起来。最后小红妈妈为孩子选择了富有趣味性和科幻性的《外星人就在月球背面》《月球密码》《马小跳 365 科普系列》，小青妈妈则从书橱上精挑细选了几本《三字经百家姓》《千字文弟子规》《童子礼家诫要言》。

　　看着小青妈妈捧着的书本，小红妈妈不禁吐槽："现在都什么年代了，你还给孩子读这些书，如今科技飞速发展，社会日新月异，小孩子必须多学点科技知识才能跟上时代的步伐，你让孩子读这些老古董有什么用！"

　　"这你就错了，可不能小觑这些传统的文化，这些都是古人给我们留下来的最宝贵的文化精髓，里面包含了许多对孩子道德养成和人格塑造有着重要影响的深刻道理，现在也许她读不懂，但是在读中潜移默化，耳濡目染，她自然也能被感染，相比于知识，这才是对她成长甚至让她终身受益的人生智慧和财富。"

　　"如今，大家都讲究的是快速、有效、高能，你的什么千字文、弟子规可以吗？"

……

听了小红妈妈的话，小青妈妈不禁陷入了沉思，这些古人留下的文化精髓就真的没用了吗？

案例二

一日，小红和妈妈到小玲家做客，小玲妈妈端出了很多小红爱吃的水果，小红一下子就拿起了三个她最爱吃的香梨，妈妈正要批评她的时候，小红却跑过去把香梨递给了小玲的奶奶，接着又把一个递过去给了正在玩的弟弟，小玲妈妈看见了不禁夸奖小红："小红可真是个懂事的乖孩子，小小年纪就这么有礼貌了呢！"小红说："阿姨，这都是我该做的啊，我妈妈从小就让我读三字经、弟子规，里面就讲到'融四岁，能让梨''长者先幼者后'，不就告诉我们从小要做懂得礼让、尊老爱幼的人嘛！"妈妈听了，也甚是惊讶，没想到平时读的这些经典还真的在孩子身上留下了这么深的影响呢！

问题聚焦

中国传统文化在家庭教育中对人格形成有重大影响。在中国，具有浓厚传统文化内涵的家庭教育非常重视道德教育，即教孩子如何做人。中华传统文化中既有"其身正，不令而行；其身不正，虽令不从"等言传身教的典范，又有"孟母三迁""近朱者赤近墨者黑"注重环境育人的实例。由此可见，中华传统文化中的精华对于今天家庭教育仍然有着重要的指导意义。但当前在我国的家庭教育中，多数家长重视的是孩子成绩的提高，这一观念甚至愈演愈烈，从某种方面而言，家长是越来越重视教育了，可问题少年却越来越多，有的甚至不懂孝亲、感恩、诚信、友善、谦卑。究其根本原因是家庭教育的内容不完整，是当代家庭教育中缺失了中华优秀传统文化的教育。传统文化在家庭教育中严重缺失，究其原因，有以下几方面。

一、重智轻德，舍本逐末型的家庭教育

当今社会父母过度重视孩子的智能教育，却忽视了道德品质的培养。实际上一个人的道德品质才是他是否能够在社会上立足的根本。家长往往是舍本逐末因此导致许多人德才不配位。这样在家庭教育中表现为家庭伦理缺失，爱的尺度拿捏不准，家庭教育观出现偏颇，趋向功利化、世俗化。在家庭教育方法上陈旧、不科学，等等。

中国古代的家庭教育是十分重视道德教育的，比如：孝道，仁义，诚信。当代家长培养孩子下大力气，盼铁成钢，急功近利，盲目追求提高分数，注重提升智力。家庭教育中却忽略了一个最重要的也是最基本的问题，那就是交往和生存问题。现在的家庭教育使孩子美好的天性逐渐丧失，他们变得冷漠、自私、没有责任感、缺乏公德心。

一个人只有具备了强大的意志品质、正确的价值取向和健全的人格，才能有独立生存的本领。而这一切则来源于家庭教育中对孩子德行的培养和塑造。成功的家庭教育才会培养出孩子良好的品行和品性，以及人际交往中团队精神、协作意识和担当能力，这些优秀的道德品质决定了孩子人生的基本走向。

二、随意放任，拔苗助长型的家庭教育

很多家长对孩子过于溺爱，在经济方面极其宽松，基本上处于放任不管的状态。对孩子提出的要求有求必应，最终导致孩子以自我为中心，形成自私、任性、虚荣、放纵等性格和不良习惯。家长的溺爱造成孩子个性缺陷，导致孩子出现心理问题和品德问题。

为满足家长的虚荣心，在学习方面拔苗助长。不顾孩子的自身学习成绩、学习能力和智力水平，遍访名师，大面积补课，花费大量的时间和金钱，奔波于各种补习班。但是学习效果又不十分理想，不仅与名校无缘，还不能专心学习一技之长，最后成为"高不成，低不就"的庸才。

目前，相当一部分家庭教育中都存在一个误区，以孩子能否考上名牌大学来衡量将来能否在社会立足。在家庭教育中不关注孩子的感受，家长缺乏与孩子沟通的耐心，教育方法陈旧不科学。

三、转嫁愿望型的家庭教育

在我国，大多数的家庭教育属于专制型的家庭教育，这也是一种普遍现象，按照父母的意愿来对子女进行强制性教育，这种家庭教育方式往往是强迫孩子按父母的意愿生活，经常用惩罚手段来强制执行。这种教育方式导致孩子粗鲁待人、孤僻、不合群、自卑，还可能导致其成人期适应不良、违法犯罪和精神障碍，等等。

专家支招

一、在当代家庭教育中植入中华优秀传统文化内容

中华五千年的灿烂文明史，孕育产生并保存下来的极为丰富的优秀传统文化，教育感染了一代又一代人。将中华优秀传统文化内容植入当代的家庭教育之中，对孩子的人格教育、励志教育、品德培养等都会起到重要作用。通过在家庭中对孩子"孝""悌"等品性的挖掘，孩子的道德层次会从以自我为中心的低层次提升到人我互动的高层次。将传统文化融入家庭教育之中不仅可以培养孩子的文化气质，还可以启迪孩子的心智，陶冶孩子的品行，从根子上提高孩子做人的素质。

（一）孝道——家庭教育的根

"百行孝为先""百善孝为先"是中华民族的祖训，是中华传统文化中最重要的部分，是中华民族生生不息、血脉相传，不断发展壮大的法宝。我们常说"孝"，不仅指对父母的尊重、赡养，还有推而广之为"老吾老，以及人之老；幼吾幼，以及人之幼"的博爱精神。

"孝"是一切伦理道德的根本，没有"孝"没有其他教育成果就难以实现。无论社会如何进步，文明如何发达，文化如何更新，"孝"这种美德是绝不能丢失的，只有"孝"才能使社会最基本的单位家庭和睦，只有成千上万个家庭的小和睦才会有整个社会的大和谐，社会的和谐促进繁荣发展，从而推动中国梦的实现。由此可见，孝道的教育从孩子小的时候就应该融入家庭教育之中，让孝根植于孩子成长的每一个阶段，成为伴随孩

子一生的美德，成为孩子一生的行为准则。

（二）感恩——家庭教育的魂

感恩教育是培养孩子责任感的重要基础，只有懂得感恩的人才懂得付出，才明白自己有责任去赡养父母、友爱他人，才能去回报社会，才能去爱护自然，才能去关注人类的共同命运。感恩是一种处世哲学，谁学会感恩谁就拥有了大智慧。感恩源于对生活的热爱和对生命的敬畏。在家庭生活中孩子与父母朝夕相处耳濡目染，家长的言谈举止、行为方式、生活习惯等都是孩子模仿的对象。这就是所谓的"同化"现象。我们的家庭教育正应该抓住这种孩子被"同化"的契机，对孩子进行感恩的教育，应该说这种教育是功在当下利在千秋，也是孩子一生健康成长、发展进步的"魂"。

（三）友善——家庭教育的本

在家庭教育中，友善是一种高尚的社会美德，是维系社会成员之间关系和谐不可或缺的组成部分。在现代社会中，友善已经成为公民基本道德规范，这就意味着我们在社会生活中不能只关注个人利益，要建立公共意识，学会化解矛盾，学会认同合作，主动履行职责义务，用善意拉近人与人之间的距离。友善是社会的润滑剂，维系着人与人之间的平等公正，人与人之间因友善而真诚，因真诚而和谐。因此，把友善纳入家庭教育之中意义重大，是家庭教育的重要内容。孩子学会了友善待人、友善待物，才能更好塑造人格，养成良好的品德，在将来的社会上成就自己美好的人生。爱出者爱返，福往者福来！

二、优化中华优秀传统文化的家庭教育方式

（一）以身作则，遵守孝道

"身教胜于言教"，只有父母真正做到"父母呼，应勿缓，父母命，行勿懒"时，孩子才会因亲眼看见父母是如何孝敬双亲而知道该如何孝敬父母。

（二）讲述先贤，启迪心灵

父母可以给孩子选择一些传统的富有教育意义的德育故事、悌孝故事，

或者带孩子一起观看描写德育故事的动画片。

（三）陪伴诵读，培养兴趣

七至十二岁诵读基本可以由领读、陪读转变为孩子自读。这时孩子已经上小学了，学习了拼音，识字量逐渐多了，也有了课业学习任务。可以启发孩子每天晚上自选有兴趣的内容，坚持自读，家长适当督促、陪读。有些古诗较长，不易背，家长可以跟孩子进行对读、比赛读等。当孩子有一定自读理解能力之后，经典内容可以选择《中庸》《道德经》《易经》，《论语》《孟子》内容较长且不能朗朗上口，考虑放在最后。

（四）生活渗透，耳濡目染

生活是最好的老师，因此家长应有意无意地在生活中渗透传统文化的教育，并结合生活实际对孩子加以引导。例如：在家吃东西时，要先给爷爷奶奶吃。带孩子在外面吃饭时，对好吃可口的食物，要记得告诉孩子给爷爷奶奶带回家一份，节假日带孩子回老家探望爷爷奶奶，言传身教突出一个"孝"字。比如：孩子不知礼让时，一起读"融四岁，能让梨""己所不欲，勿施于人"。周国平说过"素质是熏陶出来的"，适时引导比说教训斥有效。

（五）参与活动，实践体会

让孩子参与活动。家长要有选择性地培养孩子的兴趣专长，增进其自信，激发孩子对优秀传统文化的热爱。家长可以陪孩子一起看诗词大会，与他进行诗词接龙、成语接龙游戏等，以此提升孩子的阅读能力，开阔视野。到六七岁后，孩子的自我意识渐强，在集体生活中喜欢展示自我，有自信心，家长可以引导孩子多参加各种与传统文化相关的活动，既能呈现所读经典，又能进一步激发孩子的兴趣，使其更具有自信心。比如学习中华武术、围棋、书法、音乐等，孩子在活动中实践，在实践中进一步感受中华文化的博大精深。

传统文化在历史的涤荡、世世代代的传承中，显现出巨大的魅力和光彩，引入家庭教育的过程中，能够收到事半功倍的效果。

第 3 课　家国情怀

现场直击

案例一

"爸爸，端午节我们去哪儿玩呀？"李萌在饭桌前问爸爸。"嗯，让我想想。嗯……我们一起去看划龙舟，好不？""太好了。但我们东莞有龙舟看吗？"李萌问道。"当然有呀，在我们东莞的水乡区，如望牛墩、沙田镇每年都会有场面壮观的龙舟比赛。"爸爸回答道。"好咧，端午节我们去看划龙舟。"

端午节很快到了，李萌和爸爸、妈妈来到沙田一起观看龙舟比赛。赛场上人头涌动，锣鼓喧天，河面十几艘龙舟时而齐头并进，时而你追我赶，岸上人声鼎沸，加油声此起彼伏。李萌爸爸一边观看龙舟比赛，一边问旁边的李萌："你知道赛龙舟的来历吗？""当然知道，是为了纪念爱国诗人屈原呀。"李萌答道。

"你答得很对。在中华民族古今历史中，有许许多多屈原这种爱国诗人、民族英雄。他们为了自己的家国奋斗一生，献出了自己的青春，甚至献出了自己的生命……"

"我知道，在古代有文天祥、岳飞，在现代有黄继光、刘胡兰等许多人。"

"你说得很对，这些英雄是我们的民族魂，他们会像屈原一样让人们永远记住的。你也要好好学习，长大后报效祖国。"

"一定会的，爸爸你放心，你女儿长大后一定会巾帼不让须眉的。"

"哈哈……"爸爸开心地笑了。

案例二

"天天，告诉你一个好消息。"天天一进家门，奶奶就兴奋地说。

"什么好消息呀？"天天好奇地问道。

"你堂哥参军了。你长大了也要像他那样有出息。"奶奶开心地说。

"堂哥真是帅呆了，长大我也去当解放军，保家卫国……"

"帅什么帅？你给我去读书。当兵有什么出息。给我好好去读书，考上好大学才是有出息。"正在看电视的妈妈大声地对天天说道。

"当兵怎么不算有出息？好多大官就是当兵出身的。"奶奶反驳道。

"妈，你不懂，那是以前，现在要读书，考好大学，才能有出息。"天天的妈妈说道，"天天去房间里学习，别愣在这儿浪费时间。"

"嗯……"天天无奈地走进了房间。

案例三

"妈妈，这个周末老师布置了一样德育作业，你要帮我做哟。"华明对妈妈说。

"自己的作业自己做，要我帮你做作业，找打呀。"华明妈妈答道。

"老师要我们采访自己的爸妈。"华明立刻向妈妈解释道。

"采访爸爸妈妈，好呀。大帅哥，你想知道什么呀？"

"请问张女士，你可以向我说说你家这些年的生活变化吗？"华明一本正经地问道。

"这个呀，让我想想。嗯……这几年我们家变化可大了……我和你爸刚结婚时是无车无房，十年前我们生了你，五年前我们买了车，去年我们买了房……这些都是我和你爸爸努力工作换来的呀。你要好好读书，考个好大学，到时拿高工资。我们就可以享福了哟。好了，我回答完了。你去做作业，我去做饭。大帅哥，再见。"妈妈说完，挥挥手走进了厨房。

问题聚焦

　　家庭是社会的重要组成部分，是亲情维系、道德修养、三观树立的重要载体，家庭管理的好坏是教育孩子成才的重要影响因素，而人才的培养影响着民族进步和国家前途命运。家国情怀是一个人对我们国家和人民所表现出来的深情大爱，是对国家富强、人民幸福所展现出来的理想追求，更是每一个中国人内心深处的精神元素，"修身、齐家、治国、平天下"这也正是一种家国情怀的重要体现。而现今的家庭教育，家长更多地关注孩子的学习成绩和艺术培养，甚少涉及家国情怀，联系上面三个事例，在培养孩子家国情怀时，我们的家庭教育存在以下问题。

一、教育目的狭隘性

　　在大千家庭中，因各个家庭环境的不同，家长们对孩子的教育目的各有不同。

　　但大家都有一致的目标：让孩子成材，过上富足的生活。许多家庭从孩子四五岁时就让孩子上各种早教班、兴趣班，到中小学时就上各种补习班。全国上下目的出奇地一致：让孩子考上好的大学，找到好的工作。这样的家庭教育目的有错吗？当然没错，但过于狭隘。假如孩子努力学习，锻炼身体，提高素养，只是为了自己，为了自己的家庭，这个目标是不是有点小，这个格局是不是有点小？试想，自古至今流芳百世的人物，谁不是从小就在父母的教育之下立下了鸿鹄之志的呢？如岳飞，他母亲为他刻下了"精忠报国"，又如周恩来从小就立下了"为中华之崛起而读书"的志向。他们自小胸怀天下，心系百姓。案例二中家长认为当兵没出息；读书考大学才有出息；案例三中家长没有认识到现今人们生活富裕了是国家富强带来的，没有以此去教育孩子努力读书，报效国家，而只是教育孩子读好书，找好工作，过好生活。这些家长不是个例，是现今家庭教育中普遍存在的。

二、节日庆祝"中洋"不分

因商人逐利，也因某些人的别有用心，前些年西方的圣诞节、复活节等在国内甚是喧嚣，而传统节日却是静寂无声。这股洋节风，刮进了不少家庭，让许多孩子只知洋节的时间，不知中国传统节的时间。中国流传了几千年的传统节日，我们的孩子懵懂不知，而对西方洋节却如数家珍。中华上下五千年的历史，中华流传数千年的文化，这是多么大的财富呀！我们怎么能让孩子茫然无知，而去崇洋人拜洋节呢？这里有社会的原因，但更有家庭教育的原因。案例一中的爸爸就是一个有心人，他通过带孩子去观看端午节龙舟比赛对孩子进行爱国主义教育，培养了孩子的家国情怀。这正是我们每一位家长应该做的。

专家支招

一、父母要认知家国情怀对孩子成长的重要性

有句话说得好性格决定命运。如龙生九子，个个不同。虽"个个不同"，却都具龙性。我们的孩子虽性格个个不同，但都要有"家国情怀"。自小胸怀家国，自小立志报国，这是一种大气，这是一种大格局。志向一大，格局就大；格局一大，气魄就大；气魄一大，出息就大。因此，家长要转变观念，要培养孩子的大志向，塑造他们的大气魄，不能只让他们围着自家灶台转。这种大志向就是引导孩子以英雄为榜样，以报效祖国为目标，以造福人类为理想。

二、循序渐进培养家国情怀

（一）学习传统文化，树立文化自信

纵观古今，我国多少仁人志士之家庭，在孩子三四岁的时候，家人就开始有意无意地教他们念叨一些中华经典诗词，正因为伴着经典边玩边学，才潜移默化地培养了他们对各种传统文化的兴趣，培养了他们的家国情怀。南宋抗金英雄岳飞的母亲姚太夫人，利用熟读成诵的"贤文"，从小就对岳飞施以严格的家教，教育儿子不但要学会承担各种苦难，而且要能成为

一个刚正不阿的男子。聪颖的岳飞渐渐领会了其中的真谛，在母亲的严教下，他严格要求自己，并学得一身好技艺，成长为一位文武双全的人。我们家长也可以从实际出发，引导孩子去学习优秀的传统文化，比如可以陶冶情操的琴棋书画，可以强身健体的中国武术……让孩子学习传统文化，不仅可以提升他们的品位，提高他们的素养，还可以树立他们的民族自豪感，培养他们强烈的爱国热情。

（二）拜访英雄人物，树立远大志向

一个有希望的民族不能没有英雄，一个有前途的国家不能没有先锋。一切为中华民族摆脱外来殖民统治和侵略而英勇斗争的人们，一切为中华民族掌握自己命运、开创国家发展新路的人们都是民族英雄，都是国家的荣光。崇尚英雄、尊重英烈，是每一位中国人应有的觉悟和担当！家长们可以让孩子从小就开始学习这些英雄人物，多看多了解这些英雄人物的故事，而是看这些英雄人物有哪些优秀的性格特征可以促使孩子们改变，有哪些正向激励的言语行为可以对照自我评价，有哪些精神品质可以发扬光大，这些英雄人物在历史发展中起到了不可磨灭的作用，甚至影响并改变了人类的历史进程，其实他们从小和你们的孩子一样，都是一个个普普通通的人，他们小时候同样也是受到英雄人物、进步人士、学习榜样等进步思想的熏陶，从他们身上绽放的这些精神和品质，结合我们现在在学校的学习和日常生活，我们就会发现很多问题都不是问题，很多困难都不算困难，所以家长们要从小让孩子树立不怕困难、不断学习、奋勇直前、报效家国的精神。

（三）走进大好河山，树立守土之责

中国有着九百六十万平方公里的土地，在这片广袤的土地上，有巍峨的高山，奔腾的大河，广阔的平原……这锦绣江山，孕育了无数中华儿女，也是无数的中华儿女用自己的鲜血与生命守卫着这片美丽的土地。正所谓"一寸山河一寸血"。现在我们生活在和平环境里，在这片美丽的国土上过着幸福的生活。我们家长不管每天多么忙碌，都一定要带着孩子走进大自然，让他们感受到祖国山河的壮丽，让他们知道这是祖先给我们留下的宝贵财富，我们有责任去保护，建设好。每一个人都有守土之责。

学以致用

一、一家一艺

以孩子的爱好为依据，选择一项传统技艺全家共同来学习。比如：全家老小学书法。

一家一艺		
时间	学习内容	技艺展示
星期一 19：00—19：30		
星期二 19：00—19：30		
星期三 19：00—19：30		
星期四 19：00—19：30		
星期五 19：00—19：30		

二、一月一游

以自家的生活地区为基地，带孩子去风景区、革命纪念馆、烈士墓等地进行一次室外活动。

第 4 课 孝悌为本

现场直击

案例一

"开饭啰，开饭啰，宝贝快来吃饭。"小何妈妈一边把菜端到桌子上，一边对正在房间做作业的儿子小何叫道。小何听了之后，立即放下手中的作业，跑到桌子前面，扫了一眼桌子上的菜，发现有自己最喜欢吃的可乐鸡翅，立即把可乐鸡翅端到自己前面，津津有味地吃了起来。妈妈看见了，连忙说："慢点，慢点，留点给奶奶吃。"小何头也不抬，边往嘴里塞鸡翅，边含混着说："你不是做给我吃的吗？"妈妈还想说什么，坐在旁边的奶奶立即说："好好，你喜欢吃我就最开心了，你吃得开心，我就开心。吃慢点，别噎着了。"小何妈妈听了，无奈地摇了摇头。

案例二

"小花，妈妈今天做菜切了手，晚上你洗碗，好吗？"妈妈在吃晚饭时轻声地对小花说。

"不行，我要做作业。你为什么不要爸爸洗？"小花不假思索地反驳道。

"你爸爸今晚要加班，现在还没吃饭呀。"

"那等他回来吃完饭后洗，不就行了？"

"你爸爸加班已经很累了，还让他洗碗？"

"我读书也很累呀，你又叫我洗？"小花不满地吼道，然后把碗往桌上一推，走进自己的房间，砰的一声，把门关了。

小花妈妈坐在饭桌前，呆呆地望着女儿的房门……

案例三

那天下雨了，李雷站在校门等候区一边和同学说笑一边等妈妈来接。大约十分钟过后，同学们都陆陆续续地被家长接走了，李雷望了望校门口，小声地嘟囔了一声："又迟到了，真烦！"

五分钟过去了，一个瘦小的身影撑着一把大伞出现在校门口，李雷立即跑了过去，一把将伞夺过来撑在自己头上，不满地对着瘦小的奶奶说："我妈怎么不来接我，叫你来？"

"你妈妈在市场卖菜，现在有人送菜来了，她很忙，抽不出时间来接你。"

"忙，忙，只知道忙，都不关心一下我。不知道今天下雨吗？不会开车来接一下我吗？又叫你来接，又老又慢，丢脸！"

"好，好，下次叫你妈妈来接，奶奶不会开车丢了你的脸。"

雨，越下越大。一老一小离开了学校，渐渐地消失在雨雾中。

问题聚焦

孝顺千百年来都是中华民族的传统美德。有言道：百善孝为先。可现今生活中，儿女不孝父母的事屡屡见于新闻。为什么会这样？究其原因，是因为现在的"独生子女"太多，许多孩子一出生就被爸爸妈妈、爷爷奶奶、外公外婆的爱包围了，个个在家都是小公主、小皇帝，过着衣来伸手饭来张口的生活。一切以孩子为中心，养成了他们唯我独尊的性格。这样培养出来的孩子怎么能懂得感恩，怎么会孝顺父母长辈呢？孩子的不孝表现集中起来，主要有三个方面。

一、故意忽视家长的话

孩子经常故意忽视家长的话，对家长的批评置之不理甚至语言顶撞，这都是不孝顺的具体表现。因为家长过度溺爱孩子，对他们百依百顺，养成了目无尊长的毛病，不懂得尊重家长，更别提听家长的话了。

二、很少主动帮父母做家务

孩子从外面回家就像少爷小姐一样，鞋一甩就躺沙发上看电视，满地垃圾都不知道收拾一下；吃完饭，孩子不收拾碗筷就进房间去了。案例二中的小花就是这样一个孩子，不愿帮家长做家务。因为在孩子的意识里，家务活都是爸妈做的，自己轻轻松松的什么都不用做就行。家长不求回报地付出，会让孩子形成受之无愧的思想，不懂得感恩和孝顺父母，只知道一味地索取，长大后要房要车，并且心安理得。

三、自私

在孩子心里，自己的舒适感是高于他人的，只要是他喜欢的就要拥有，好吃的菜都要先吃，完全不考虑他人的感受，对待父母也是如此。案例一中的小何就是这样一个孩子，只让自己享用美食，一点也不考虑家人的感受。案例三的李雷同样是这样的孩子，只想着下雨天走路回家辛苦，没车接让他丢脸，没想过妈妈工作忙，没时间来接他。这样的孩子如果未来他觉得照顾父母太麻烦，父母年老体衰影响了他的生活，可能就会选择抛弃父母，只要自己过得舒服就行。

专家支招

一、做好榜样示范作用

家长是最好的老师，要让自己的孩子成为一个有孝心的孩子，家长首先要做好榜样示范作用——孝顺自己的父母及长辈。现在的许多成年人都与自己的父母分开住，又因工作繁忙，一年到头难得有几次机会与自己的父母聚在一起。面对这样的情况，我们这些家长要尽量找机会、找时间常回家看看，给自己的父母以关爱。平常不能回家，不能与父母相聚，应该做到每天一个电话，并与自己的孩子一起打电话，陪远在家乡的父母聊聊天。过年过节时，不管工作多忙，我们都要带孩子回家乡去探望一下父母，这样不仅可以略尽孝心，稍解老人思念之苦，也可以让我们的孩子耳濡目染，让他们学会关爱自己的父母。

二、给孩子分担家务

让孩子分担家务的好处很多，如家务劳动能调解大脑疲劳，使孩子的动手能力和解决实际问题的能力得到很好的提高。孩子分担家务以后，可以亲身体验到父母的不易，理解父母终日操劳的艰辛。从而会更加体谅和理解父母，不再任性，并且自觉地维护家里的环境与卫生。反过来，父母也能感到孩子的可爱，增进两代人的关系和谐与快乐，而在这种父母与子女共同做家务的劳动中，无疑使家庭氛围更协调更和谐。

家长给孩子分担家务时，也要注意做到安排合理，任务明确，并且对孩子做家务劳动要给予恰当的指导和及时的评价，让孩子在劳动中感受到自己对这个家庭的贡献。这是一种价值体现。当一个人在一个集体中找到自己以之为傲的价值时，他就会更加热爱这个集体，更多地关心这个集体中的成员。

三、让孩子学会分享

现在的家庭大多只有一两个孩子，自小被父母长辈的爱包围着长大，什么好东西都是先给他，要什么东西都会满足他，渐渐地让孩子形成了一种"好东西先给他"的习惯，独占好东西在他们心中已成为理所当然。"吃独食"是现今独生子女的一个通病。有这样通病的孩子怎么会懂得付出呢！怎么会成为一个孝顺的孩子呢！因此，我们要让孩子学会分享。现在我们许多家长认为分享是让孩子学会与自己的小伙伴一起分享自己的玩具、美食。其实，让孩子在家庭中学会分享也是十分重要的。试看我们周围的孩子，他们与同学一起时，大多懂得分享自己的玩具，分享自己的美食，分享自己的快乐或不快。可他们一回到家就成为"独食王"，可谓是在外是乖孩子，在家是小霸王。这是我们从小对他百依百顺，从小给他独特地位带来的恶果。为了改变这一现象，在家时，他（她）的好东西也要让他（她）学会拿出来分享。让他知道在家"吃独食"也是一种不讨人喜欢的行为，让他知道在家与家人分享好东西会让家人更快乐，让他更优秀。这种分享的习惯形成后，就不会形成现今的一个怪现象——在外乖孩子，在家小霸王。

四、让孩子勇于担当

对于一个成年人来说，赡养父母就是他应该担当的责任。现在有些人不赡养父母，原因可能有许多，但这种人绝对是一个没有担当的人。因此，我们要从小就培养孩子有担当的勇气，学会对事对人负责的态度。

根据心理学上的分析，4 岁以后的幼儿的思维概括性和心理活动有了很大的发展，这一年龄层的幼儿对于自己所担负的任务已经出现了最初的责任感。例如幼儿阶段所表现出来的各种主动尝试的愿望，这正是一种责任感的萌芽，也是教育的良机。比如孩子自己要求独立吃饭，试穿衣服，手脏了自己洗，书包自己背……家长一定要大力支持。家长让孩子做的事，孩子经过一定的努力是能够做好的，而且需要的时间不会太长，每当孩子完成一件事情后，家长都要及时给予正确的评价，肯定好的方面，也要指出不足。然后再进行适当的鼓励，让孩子相信自己有能力承担一定的责任。

学以致用

一、家务分担

做家务的时间	做家务的种类	评价		感想
		自评	父母评	

二、感恩父母

在母亲节或父亲节或父母的生日那天，给父母做一件事，可以是为父母买一件礼物，可以是为父母做一顿饭……表达自己对父母的感恩之心。

第5课　尊师重道

现场直击

案例一

"小东，今天的数学作业为什么又没有完成啊？"妈妈接到数学吴老师的电话后问小东。

"妈妈，吴老师讲课我都不爱听，数学不会做。"小东垂头丧气地回答。

"为什么不爱听数学课？"妈妈问。

"吴老师年纪那么大了，又长得丑，我才不爱听她讲课呢！"小东理直气壮地说。

"你这个死东西，老师长得怎么样，和你有关系吗？你是跟老师学习知识的，你说那么多无关的事干什么？"妈妈给小东气得原地打转。

小东自从班上换了个数学老师后，成绩一落千丈，上数学课时，总爱开小差，见到数学课吴老师就躲着走。这件事情弄得小东妈妈很为难，总不能让学校换一个老师上数学课，怎么办呢？

案例二

吴浩是班里的学霸，从来没有让家长担心过自己的学习，爸爸妈妈学历有限，基本没有辅导过他。今天，他又是一个人回家，爸爸妈妈上班太忙了，很晚才回来。

父母对儿子的学习成绩总是挂在嘴边，人们在打听小孩的老师时，在外总是说自己孩子聪明，与老师没有太大的关系，说得自己孩子是自学成才一样。在父母的言传身教下，吴浩对老师们慢慢变得冷淡起来，见到老师也不爱打招呼，老师让他帮忙干些班务也不愿意了。他认为只要成绩好，爸爸妈妈对自己的夸奖就会多，不用听老师的。

案例三

小月是班上的落后分子，平时不交作业，上课爱开小差，课后喜欢捣蛋。最近是越来越厉害了。在语文课上，老师提问小月，小月正在睡觉，听到老师的提问才慢慢地站起来说："老师，你刚才提什么问题？我没有听清楚。"老师又把问题重复了一遍。小月说："我不会。"老师问："你为什么不会？"这时，小月觉得老师是专门找自己的不是，想让她在同学们面前出丑，心里很是生气，不等老师让她坐下，她自己已经坐在椅子上了。这时，老师批评小月："小月，老师没有让你坐下，你就自己坐下了，你不觉得有问题吗？"小月不理会老师，一动不动地坐在座位上。

事后，老师把这件事告知了小月家长，小月的父母对小月说："小月，你在学校要听老师的话，就算老师有什么不对的，你也要遵照老师的要求先完成。""我才不要，我们的语文老师不是个中学毕业生吗？你们也说他没有什么学问啊！"平日里，因为小月这个语文老师是小月父母的小学同学，小月父母在私下经常谈论这位老师的事，小月在旁也听了不少。

问题聚焦

尊师重道是中华五千年来的美德，重视教育就是要培养国人的素质修养，家庭对孩子的教育很重要，父母的言传身教对孩子的影响是直接的。

一、家长对尊师重道的看法，影响孩子的人生观

中国古代，不仅普通人尊师重道，就是封建帝王都尊重、支持老师，这种优良传统是值得我们继承发扬。尊重、支持老师的教育，老师在学生中的威望肯定是高的，老师教育、教学的积极性也会越来越高涨，教育、

教学效果肯定是好的。在今天，我们做父母的，也同样面临着一个如何对待孩子老师的问题，家长把自己的孩子送到学校，交给老师进行培养教育，老师要切实负起教育的责任。但有的家长把孩子的教育责任一股脑儿完全推给老师，对孩子在学校的表现，不闻不问，也不配合老师的工作，这是不对的。也有的家长，对老师的工作有看法、有意见，不是通过正当渠道向学校领导反映，而是直接责问，甚至当着孩子的面指责、训斥老师，那更是错误的。有极个别的家长，为了一点点鸡毛蒜皮的小事，闯入学校或幼儿园，谩骂、殴打、伤害老师，打乱整个学校或幼儿园的教育、教学秩序，造成极坏的社会影响，成为名副其实的"校闹"，既让家长自己丢脸，也让自己的孩子蒙羞，无法面对同学。

二、家长对孩子的教育，直接影响孩子对教师的态度

只有让家长和老师携手协作，才能真正推动孩子进步与成长。教育最需要的不是家长的监督、责怪和质疑，而是安静的支持。不为难老师，不扰乱教育，这是对教育最好的支持，也是对孩子最大的帮助。

专家支招

一、一日为师终身为父

古代的人对老师非常尊敬，一日为师，终身为父。我们看到古人对老师的丧礼都是守丧三年，跟父母一样，所以古代的师生关系与父子关系是同等的。孔老夫子去世之后，他的学生很感念老师的恩德，就在孔子的墓旁边搭了个房子，整整守孝三年。其中有一个学生守了六年，他就是子贡，因为夫子去世时，子贡刚好在其他国家做生意，等他回来的时候，丧礼已经结束了，子贡觉得非常愧疚，守了三年以后，自己又加三年，整整守了六年。古代的学生对于老师如此尊敬，时时不忘老师教诲的行为，是值得我们现在的学生借鉴的。

二、古礼的本质是成就学生的恭敬之心

古代的孩子要到私塾读书，父亲首先必须带着孩子前来给老师行拜师礼。拜师礼的仪规是父亲在前面，孩子在后面，先对孔老夫子像行三跪九叩首之礼，拜完以后，请老师上座，也是父亲在前，孩子在后，再给老师行三跪九叩首之礼。孩子在五六岁以前，最尊敬的人是父母，因此这时的孩子，开口闭口都是"我爸爸说，我妈妈说"；去学校读书以后，就变成"我们老师说"；上了初中以后，则改为"我们同学说"。所以，孩子在每一段成长的过程，我们做父母的要好好做父母，当老师的要好好当老师，只有这样，孩子才能树立起正确的人生观。在这个拜师礼的过程之中，孩子如此尊敬的父亲，居然跟老师行三跪九叩首，这一拜必将对孩子的一生产生深远影响。

一个人要成就学问，就必须要以诚敬之心去求，"一分诚敬得一分利益，十分诚敬得十分利益。"古代的礼仪都有其深远的影响，我们现代只看到礼的表象，并不了解礼的意义与本质。我从教的第一年，有一个学生忘记带书本，他的奶奶已经六七十岁了，还帮孙子把书本送到学校。我们的教室在四楼，老人家爬上去已经气喘吁吁，就在她大喘气的同时，恰巧遇见了我，老奶奶马上向我鞠了一个九十度的躬，惊得我赶紧鞠躬还礼。她说："蔡老师好！"这一躬鞠下去，给我的印象太深刻了，从此"老师"这两个字就压在了我的肩上。一位老人家能如此诚敬老师，给我们鞠躬，我们要对得起老人家。

学以致用

一、尊师重道，亲子共勉

尊师重道教育读本能让父母更了解孩子的生理心理历程，让孩子深刻认识青春期的自己。请你和孩子一起阅读青春期教育的读本，和孩子一起交流一起进步吧！

好书推荐		
书名	作者	简介
《亦新亦旧的一代》	南怀瑾	《亦新亦旧的一代》初名《二十世纪青少年的思想与心理问题》，由中国台湾老古文化事业公司于 1977 年 9 月出版，1984 年 3 月第 3 版时改为《新旧的一代》。它是著名学者南怀瑾先生所做的专题演讲。在演讲中，作者以自己的亲身经历和感受，对 20 世纪以来中国社会的变迁及其对人们心理状态的影响，做了透辟的论述，提出了许多值得审思的问题。内容叙及：清末民初的社会思潮；重大的政治事变；中西文化的冲撞；学术思想的演变；古代的文化教育制度；现代的道德价值观念；老少之间的代沟；新旧不同的读书；旧八股与新八股；私塾与家教；尊师重道；安身立命；以及青少年的个性、学识、心理、经验、行为，等等

亲子阅读交流卡		
书名：		
阅读收获	孩子	父母
孩子给父母的一封信		
父母给孩子的一封信		

二、每月一"动"，陪伴成长

亲子活动可以拉近父母与孩子的距离，提高孩子的心理健康水平，确立良好的亲子关系。请你每月策划至少一次亲子活动，用实际行动陪伴孩子，让孩子健康快乐地成长吧！

第6课 助人为乐

案例一

图书室里，安安正在认真看书，而王涛这儿看看，那儿走走，好像在找什么。只见他走到安安身边，蹲了下来，问道："安安，你能借这本书给我看看吗？我有急用，想查一下资料，我一直在找这本书，没找到。"

安安头都没抬一下，说道："凭什么，这是我先拿到的书，我现在也想看，我不能借给你。"

"我有急用，你先让我一下嘛，我等会儿还给你。"王涛说道。

"不行，我还没让过谁呢！我自己要看。"安安说道。

此时，不远处的老师看到这种情况，走过来跟安安耐心说道："安安，王涛现在遇到了困难，他需要这本书，你能帮助他吗？"

安安看了看老师，又看了看王涛，最后不情愿地说道："好吧，那就先借给他吧！拿去吧！"

王涛接过来，说了声谢谢。

"安安做得不错！"老师趁机表扬道，而安安也在老师的表扬中露出了笑容。

案例二

夏天到了，天气逐渐热起来。一天，小星和小林一起相约到湖边玩耍。小星小林时而用手划划水，时而将脚放进水里打水花，两个人玩得不亦乐乎。

过了不久，小林高兴地说道："小星，我们下去游泳吧！反正现在没什么人。"

小星听了，想了想劝阻道："这样不好吧，老师说过不要私自到野外游泳的。我们这样在湖边玩也挺好的啊！"

小林听了，反驳道："胆小鬼，那我自己去游了。"

就这样，小林不听劝阻下水了，小星只好在岸边看着。小林游着游着，突然脚抽筋了，他向岸边的小星大喊："小星，救我！噗……救我……"

岸边的小星见状也慌了，不知如何是好，四周根本没人，小星又离得远。听着小林的呼叫，小星只好跳下水里往扑腾的小林游去。而小星一靠近小林，小林马上像八爪鱼般死死抓住小星不放，两个人都挣扎着，最后往水里沉去……

案例三

上学途中，小丽看见公路边蹲着一位农民老大爷，膝盖流着血。她弯下腰问老农是怎么回事，老农告诉她是被一辆摩托车撞倒跌伤的，那撞人的摩托车已逃逸，他身无分文，不知道该怎么办。小丽很可怜老农，掏出早晨妈妈拿给她的5元零花钱递给了他，要老农到公路边的诊所包扎伤口。

中午放学，小丽将这事告诉妈妈："妈，今天我看见一位被摩托车撞伤的老爷爷，我还送他去诊所了呢！"哪知，竟气得妈妈破口大骂："你这个没出息的东西！都什么年代了，你还学雷锋？还是看好你自己吧！今后不要傻乎乎地再做好事了！"

"妈，为什么啊？我真不明白，从小学到初中，课本里给我们介绍了很多助人为乐的榜样，老师也经常教育我们要懂得帮助别人啊！"小丽反驳道。

"人心险恶，以后不许这样做了！"妈妈再次厉声呵斥道。

"好吧，我知道了。"小丽失望地说道。

问题聚焦

古人云："穷则独善其身，达则兼济天下。"其意思是说，不得志的时候就要管好自己的道德修养，得志的时候更要努力让天下人都能得到好处。这种精神发扬至今，就是我们所提倡的"助人为乐"的精神。助人为乐是我国传统文化的精髓，亦是做人的道德。可是现在很多孩子由于各种原因却逐渐丧失了这种道德观念，不愿意主动向他人提供帮助，缺少助人为乐的品质和行为。

一、自我中心意识强烈，缺乏内驱力

自 20 世纪 70 年代初实行计划生育政策以来，我国独生子女的比例越来越高，家庭机构呈现出了单一化的趋势，第一代"80 后"独生子女初为人父母，他们下一代的孩子同样是独生子女，并逐渐成为幼儿园和小学的主力。如今在学习生活、物质条件改善的同时，现代教育理念也正在与传统观念碰撞，由于不少家长过度溺爱，过度保护孩子，孩子因此形成了强烈的感情上的"自我中心"意识，觉得父母对自己的爱护和关心是天经地义的，是应该的也是必须的，根本没有想到自己反过来也要关心、帮助父母和他人。孩子这么强烈的自我中心意识，与家长不当的家庭教育是有密切相关的，有的家长把孩子的自我中心意识当成是孩子有个性、有特点，这样的孩子将来在社会上不会吃亏；有的家长向孩子提供的关怀过度，生怕自己亏欠了孩子；有的家长还要强迫孩子接受自己的关怀，认为孩子小不懂得照顾自己，不敢放手，不愿放手，使孩子不能独立起来。这种过度的"自我中心"意识在一定程度上影响了孩子性格品质的养成，成为孩子主动考虑他人的阻碍，更别说主动为他人提供帮助了。案例一中安安面对王涛的求助，说自己从来没让过谁，拒绝了王涛的求助，这就是以"自我"为中心的一种表现。

另外，现在的孩子的助人行为大多是由父母或者老师推动的，并不是由孩子自己从内心真正体验到了帮助别人的快乐之后，自发地持之以恒地去帮助别人。案例一中安安最后愿意帮助王涛更多是老师的劝导推动，并且他是因老师表扬而乐，并非助人而乐，这种快乐是短暂并且不是源自内心的。只要孩子自身没有真正体验到助人之乐，他就不能从内心形成这种助人为乐行为的内驱力。

二、助人能力范围超出，缺乏判断力

为什么说助人会感到快乐？在不损害到自己的利益前提下，提供给他人的帮助是在自己的能力范围之内，为他人提供了帮助或者说自己的帮助起到了作用，以及得到他人的感恩感谢，并且也许自己日后需要时也能得到别人的相助时，助人便感到了快乐。所以助人为乐尽量是不损害自己的利益，如果损害自己的利益那是牺牲奉献，是一种更高层次的助人为乐。现阶段我们提倡小学生在力所能及范围内去帮助别人，而不是牺牲奉献。而缺乏判断力的孩子，就容易出现超出自己能力范围去帮助别人的问题，表现出逞强的一面。案例二中小星面对同伴的呼救，没有正确判断自己的能力，贸然救人，导致双双溺水。下水救落水同学无疑是英勇之举，也是社会主流价值观所推崇的行为。然而，如果忽略基本的事实，悲剧就可能会出现。应不应该救人，是道德与伦理的问题；能不能救人，却是实实在在的安全问题。我们教育孩子要乐于助人，但是因缺乏判断力，超出能力范围去助人就是不恰当的助人行为了，这也同样应引起家长们的高度重视。

三、家庭道德环境欠好，缺乏牵引力

家庭道德环境，具体指家庭道德意识和道德行为等软环境，而非物质生活方面的家庭硬环境。家庭道德意识包括家庭成员的精神素质、思想文化状况、社会风气、传统习俗等，它是一个家庭进行道德活动的无形的要素。所谓家风传承、道德传承就是一代传一代，永久流传下去，助人为乐这种美好的品德也应该成为家风传承下去。

但事实是越来越多的孩子不愿意主动帮助别人，助人为乐的品质渐渐离孩子们远去，这个原因之一就是长辈们没有创设一个良好的助人为乐的家庭环境，给孩子树立良好的榜样。父母，作为家庭道德环境的主体，其教化和榜样的作用最为重要。孩子在独立生活之前，多数时间是与父母生

活在一起的，父母的道德观念和生活方式不知不觉地影响着孩子的道德意识和道德品质，因此父母必须担当起道德教育的重任。案例三中小丽有了这种助人的意识和行为，却遭到了妈妈的反对。不可否认，小丽在帮助别人过程中会有一些问题，但是她的妈妈并没有正确引导她，而是一味地指责她，这不利于孩子形成助人为乐的品德。

专家支招

"助人为乐"作为社会公德的基本要求，人们的行为文明状况，集中反映的是社会成员的文明教养程度。助人为乐是我国的传统美德。把帮助别人视为自己应做之事，看作自己的快乐，这是每个社会成员应有的社会公德，是有爱心的表现。那父母该如何去培养孩子"助人为乐"的优秀品质呢？

一、帮助孩子克服自我中心，冲破"自我"牢笼

助人为乐不仅是构建和谐家庭的基础，也是构建和谐社会的基础。因此，作为家长，要转变自己的教育方式，不可忽略对孩子关心他人帮助他人的教育。

首先，家庭中各成员要统一思想，认识到当今社会是一个竞争日益激烈的社会，孩子不可能永远生长在父母翅膀的荫庇之下，他们总有一天要长大，要独自迎接风雨的洗礼。其次，家庭教育要掌握适度的原则，家长要深刻理解"再穷不能穷教育，再富不能富孩子"的真正内涵。因为孩子的"欲壑难填"，所以家长不要无休止地满足孩子对物质的"贪婪"，要学会对孩子说"不"，让孩子从小就懂得自己不是世界的中心、不是为所欲为的"自在之王"，只有辛勤地付出，才能得到丰厚的回报。最后，家长可以通过社区大扫除、拔河比赛等集体活动给孩子创造合作、分享的机会，使孩子在活动中体验到合作的重要和分享的快乐，强化这种融入他人为他人着想的意识；另外家长还可以通过给学生讲关爱他人的故事，树立孩子关注他人、关爱他人、帮助他人的思想观念。孩子是家庭的希望和未来，作为家长要倾心尽力帮助孩子走出自我中心的误区，走向健康的人生之路。

二、培养孩子对事情的判断能力，确保自身安全

判断力是由一个人的知识积累、经验积累决定的。孩子的判断力是不断发展的，幼儿随着接触范围不断扩大，生活经验更加丰富，能分辨红、黄、蓝、白、黑等颜色；能辨别远近、高矮、长短、宽窄、大小等差别；并有了初步的审美观点，懂得好与坏、美与丑，看到别的小朋友穿上新衣服，就会羡慕。这些都是判断力的表现。

那么如何从小培养孩子的判断力呢？家长在平时对孩子的家教方式上需避免专制，以耐心加鼓励的方式，尽量多给予孩子发表看法的机会，并且适时引导孩子的思维方向，使他学会如何准确思考和简练表达。孩子是一个独立的个体，和成年人一样，他们需要有机会来自己做决定，来锻炼自己的决策能力，体会自主决策的感觉。所以，无论怎样困难，无论怎样担心，父母也应该让孩子自己经过思考后再做出决定，并且要为孩子创造做决定的机会。比如，让孩子自己决定穿什么衣服；让孩子布置自己的卧室；让孩子决定是否上钢琴辅导课等。当然，在孩子进行判断时，由于缺乏分析的能力，不清楚自己行为结果的时候，在这时，家长可以给孩子提供适当的引导。比如家长可以利用其他的物体模拟从高楼摔下去，告诉他如果此时贸然去接住，就会伤害到自己。然后采用启发提问的方式：如果是人，你去接会出现什么后果呢？让他得出自己的判断。助人为乐需要量力而行，需要以提高孩子的判断力为基础，这样才能保障孩子的自身安全。

三、创设良好家庭道德环境，引领助人之行

融洽的家庭亲情氛围是良好道德素质形成的前提。家庭成员之间和谐，也可以使儿童学会真诚待人，学会互助互爱；反之，家庭成员之间形同陌路、处事自私，就容易使孩子处事冷漠、偏执。助人为乐的良好品质的形成离不开家庭成员之间的互相影响，所以要想培养孩子助人为乐的良好道德品质，就必须给孩子创设一个良好的家庭道德环境，尤其是要发挥父母的引领作用。例如一个孩子在爷爷奶奶的宠爱下，养成了独占独享的自私习惯，孩子错误地以为什么事情都应该是别人帮助他才

是对的。为了帮助孩子改正这个毛病，父母可带领孩子参加社区义工活动，去敬老院看望老人，吃饭时让孩子帮助端碗、拿餐具；晚饭后和孩子一起洗碗，同时告诉孩子，在学校吃午餐时，不要只顾自己吃，还要谦让其他的同学。如果有一天，孩子主动前去帮助值日的同学把班级的午餐抬回来，老师和同学们都会很高兴。经过实践，他开始变得愿意帮助同学，愿意助人为乐了。从这个例子中，我们可以看到孩子身上的父母的影子。在家庭生活中，子女常常将父母的言行举止看作自己生活的规范，自觉不自觉地加以学习和模仿，父母的引领作用和所具有的感染力是其他教育所不可比拟的。

学以致用

我为人人，人人为我！请父母策划一次"学雷锋、齐行动"助人为乐主题活动吧！让孩子在助人为乐中体验自我成长的过程！

第 7 课　诚信无价

现场直击

案例一

　　"您好！请问是兰兰的妈妈吗？我是兰兰的数学老师陈老师。"陈老师很有礼貌地说道。"哦，您好！陈老师。是兰兰在学校发生了什么事吗？"兰兰的妈妈着急地问道。陈老师说："没有。是这样的，前两天数学测验了，昨天我把试卷发回给孩子们，让他们带回家给家长签名，您看过兰兰的数学考试卷子了吗？""没有。"兰兰的妈妈肯定地说。陈老师急忙说："我看了字迹，怀疑兰兰在数学考试的卷子上仿造家长的签名。"兰兰的妈妈说："真是不好意思，陈老师，下午放学回来我找她谈一谈。"放下电话，兰兰的妈妈感到莫名其妙：一向很乖巧的兰兰什么时候学会撒谎了呢？晚上吃过饭，兰兰的妈妈坐在兰兰旁边，若无其事地问道："兰兰，前两天你们数学考试了，卷子发回来了吗？""没……没……"兰兰吞吞吐吐地说。"没发回来吗？我今天上班时听小军的妈妈说，小军考得还不错呢！""对不起妈妈，我撒谎了，我这次考得不太好，陈老师让我们拿回来给家长签名，我怕爸爸骂我，我……我……我冒充家长签名了。"兰兰低下头，羞愧地说道。

案例二

今天一早起床，小杨洗漱完，高高兴兴地跑到爸爸的身边说："爸爸，我今天跟你一起去上班。""哦，今天怎么会想着跟爸爸一起去上班？"爸爸头也不抬地问。"你上周答应过我，今天带我去单位玩的啊！"小杨理直气壮地说。"哦，是噢！不过今天爸爸有很多工作要做，因此不能带你去单位玩。下次吧？下次一定带你去。"爸爸无可奈何地回答，并信誓旦旦地应允下次带小杨到单位去玩。看着爸爸忙碌的身影，小杨失望地走开了。刚好妈妈要到商场买东西，便闷闷不乐地和妈妈一起出门了。刚下楼，就碰见了邻居东东和小豪。"嗨！小杨，昨天你说要给我一张玩具卡片，带来了吗？"东东问道。"什么玩具卡片？我说说而已，你也当真，下次再说吧！"小杨没精打采地说。"那你前两天说把你的故事书借给我看，带来了吗？"小豪问道。"哦，那本故事书啊，我也不知道放哪里了，下次找出来再拿给你吧！"小杨轻描淡写地说道。"下次，下次，你每次都说下次，可每次答应好的事情都没有做到，怎能言而无信呢？走！东东，咱们以后都别跟他玩了。"小豪一边埋怨一边失望地走开了。妈妈看着东东和小豪失望地离开，想起小杨答应别人的事常常做不到，担心再这样下去的话，估计没有小伙伴们愿意跟他玩了。

案例三

吃过晚饭，妈妈切了一大盘西瓜，端到客厅上来吃。嘴馋的妹妹见了，两眼发亮，马上拿了一块大西瓜，坐到一边，津津有味地吃起来。妈妈面露不悦，责备地说："好孩子不要老想着自己，要学会尊老爱幼，学会感恩。"姐姐听到后"机灵"地对奶奶说："这块大西瓜给您吃。"妈妈听了很高兴，表扬姐姐懂事并把另一块大西瓜奖励给了姐姐。

问题聚焦

儿童时期是培养正确价值观的重要时期，人的价值观很大程度上是由儿童时期的经历和接受的教育所决定的。帮助孩子培养诚信品德，树立正确的价值观是贯穿孩子成长的持续性任务，若处理不好，一是容易影响孩子与父母之间的关系，二是影响孩子在学校的交友、学习生活。上述三个案例不难看出家长在帮助孩子培养诚信品德时存在的一些问题或是一些误区。

一、孩子都会存在着趋利避害的心理

在儿童时期，孩子多数会以自己眼前的利益为行动出发点。所以，在孩子刚开始学习社会规范以及相应的道德品质时，大多需要借助父母的奖励或者是惩罚来让孩子学习什么是应该做的以及什么是不应该做的，从而形成一个行为规范。由此可知，在这个阶段，孩子的心理和行为都是趋利避害的，从案例一中兰兰为了避免爸爸骂她而伪造家长的签名，到案例三中姐姐为了得到多一块西瓜而"让瓜"给奶奶吃的行为中都可以看到儿童趋利避害的心理。父母首先要了解儿童的这种心理才能做好对孩子的诚信品德教育，惩罚和奖励过度虽然能在短时间内让孩子形成一个符合社会要求的行为规范，但不能使孩子很好地成长，甚至让孩子形成一个错误的价值观。

二、父母没有关注孩子的情绪和心理

父母是儿童成长阶段接触最多的人。在这个阶段，孩子需要父母的关注和情感支持，如果孩子在这个过程中没有得到足够的关心和理解，就可能影响其人格发展。在案例一中，兰兰对母亲的畏惧情绪实际上一开始都没有被父母所关注，到了兰兰伪造家长签名，妈妈接到老师的电话才被发现。父母如果不能及时地察觉孩子的情绪和心理变化，容易导致孩子封闭自己，使得家庭关系疏远，甚至发生不好的事情时，父母可能还是最晚知道的。

三、父母的行为会被孩子模仿

在案例二中小杨的爸爸经常不兑现对小杨的承诺，每一次都会对小杨说"下次，下次"。在学校，小杨对同学说的话和小杨爸爸对他说的话如出一辙。在案例二中，孩子对父母的行为进行了模仿。心理学关于学习行为的理论认为，孩子会无意识地学习父母经常出现的一些行为，这些行为的学习只要孩子观察到之后就会发生，是无意识的。而且，在儿童时期，父母对于儿童来说就是权威的象征，一些父母经常做的行为，孩子会理所当然地认为这就是正确的。在案例中，父亲在失信的同时并没受到惩罚，对孩子来说，这就间接地表明"不信守承诺不会受到惩罚"。小杨为什么也会对同学说"下次，下次"？是因为他模仿、学习了他爸爸的行为。所以，不能认为没有实现对孩子的承诺是一件小事，一是会使得孩子对父母的信任度降低，二是使得孩子学习了这种不信守承诺的行为，影响孩子的人际关系。"父母是孩子最好的老师"这句话是正确的，父母的一言一行都可以被孩子所模仿和学习，父母教导孩子靠的不仅仅是奖赏、惩罚制度，更重要的是言传身教。

四、父母教育过分偏重物质奖励

上文提到了儿童的行为规范一开始是靠奖励和惩罚而形成的，儿童的趋利避害心理出现在他的整个成长期。在初步的行为规范形成之后，儿童开始会判断自己行为的对错，不再需要父母的奖惩制度，这个转变是伴随儿童年龄增大，脑神经系统逐步发育完善而实现的。但在这个阶段的转变过程中，仍需要父母解释相应的社会规范和道德要求，如果父母此时还是运用奖罚制度来约束孩子的行为，就会导致孩子仍然停留在完成相应行为获得物质奖励而并非理解道德要求而主动做出相应行为。如案例三中姐姐的"让瓜"行为，实际上就是道德发展的滞留。

专家支招

诚信能使人一生都受益。要培养孩子的诚信品德不仅需要父母的言语教育，还需要父母的言传身教、对孩子的耳濡目染的日常行为。同时，诚信品德的培养不应只有父母的单方面输出，即不能单方面地说教，还需要给予孩子一定的学习时间和实践空间。了解孩子的成长需要、关注他们的情绪和心理才能找到适合孩子的教育方法。

一、了解孩子的心理，营造良好的家庭氛围

上文中提到了孩子的行为出发点和他们模仿行为的形成，我们从中

可以再次认识一个老生常谈的话题：孩子的世界和我们的世界是不一样的，这包括了认知和学习的不一样。所以，要教育好孩子，培养他们的诚信品德，首先要了解孩子的行为模式以及不同成长阶段的教育所需，从孩子的角度出发，找到适合孩子的教育方式。积极关注孩子的情绪和心理变化，及时调整自己的教育方法，不以权威自居，避免孩子产生负面的情绪体验，从而导致自己与孩子距离疏远，出现案例一中兰兰为避免被骂而伪造签名的情况。在良好家庭氛围之下，与孩子的对话会更加简单，毕竟没有人希望在高度紧张的气氛下勉强自己与权威对峙，更不要说是心智未成熟的孩子，这也是青春期的孩子更偏向听取朋友意见而非父母意见的原因之一。同时，不要忽视自己的行为对孩子造成的影响，出现像案例三中小杨爸爸多次失信但又毫不在意孩子对自己行为产生失望情绪的情况。重要之人的失信可以在他们的记忆中存在很久，而且这种行为也容易被孩子模仿和学习。

二、发挥父母的榜样作用

人大部分的无意识模仿、学习行为基本都发生在儿童时期。在儿童时期，孩子接触最多的人是他们的父母，所谓"虎父无犬子"论述的不仅仅是先天遗传因素对人的影响，还有后天学习和模仿父母的行为。想要培养孩子的诚信，首先就要在与孩子互动的过程中做到"言必行"，答应要买的玩具、答应了给孩子一个小时玩手机的时间抑或是其他奖励，说到就要做到，而非为了自己方便，节省时间和金钱，并认为孩子的记忆很短暂而拒绝兑现自己的承诺。当爸爸妈妈多次不信守承诺并且没有得到别人的批评或者是惩罚，孩子身上就容易出现这种行为。所以，父母想要培养孩子一些好的习惯、好的品德，在与孩子的日常交往中需要严格要求自己，榜样的力量是强大的。

三、解释规范行为背后的道理

奖励和惩罚制度能让孩子的行为符合社会规范和道德要求，但在使用奖惩制度规范孩子行为的同时，还需要家长解释：为什么要这么做？不这么做会给自己或者是其他人带来什么？做了又会带来什么？以案例三来说，在用西瓜奖励孩子的让瓜行为时，还需要多加解释，为什么要让长辈先吃西瓜。可以从为家庭付出的角度进行解释，因为奶奶已经为家庭操劳了半辈子，平时为家人付出很多，让奶奶先吃瓜是理所当然的。同时，还可以让孩子站在长辈的角度思考，自己如果是长辈，是否希望自己养育的子孙给自己第一个吃西瓜，也可以类比孩子与同伴玩耍时的分享和交换。让孩子明白行为背后的道德品质的同时，也要积极鼓励孩子，亲密之人的赞赏和期许是人一生中重要的行为动力之一，对于未步入社会、社会关系较为单一的儿童来说更是如此。

学以致用

在帮助孩子认识诚信的重要性时，参与他们的诚信成长过程，和他们一起学习，可能会让他们的记忆更为深刻；同时父母言传身教，从小事做起，润物细无声，给予孩子一个正确的榜样和积极的暗示往往更能事半功倍。

诚信记录卡	
诚信事件	
父母评价：一般□　　良好□　　优秀□	父母签名：

第8课　知恩图报

现场直击

案例一

阳光灿烂，春风微拂，正是出游的好天气，小明一家和小红一家相约在公园里野餐，两家人都准备了很丰盛的食物。小红一边摆放着食物一边叫爸爸妈妈快点坐下来，小明一看见各种色香味俱全的食物，口水都要流下来了。

没等大家开吃，小明就先拿起一个大卤水鸡腿啃了起来，还一边吃一边说："阿姨，你做的鸡腿可真是一级棒，太好吃了！"

小红摆好了食物，先分别给爸爸妈妈拿了一份鸡翅，然后又把一串羊肉串递给了小明的爸爸妈妈："阿姨，你尝尝我妈妈做的羊肉串，可香了！"

"小红可真是个乖孩子！"小明妈妈忍不住夸起了小红！

"阿姨，这本来就是我们应该做的，爸爸妈妈养大我们不容易，从小妈妈就告诉我，每个人最应该要感恩的就是自己的爸爸妈妈，因为是他们把我们带到这个世界上，养育我们疼爱我们的，所以一定要孝顺他们！"

"小家伙，记性还挺好，妈妈跟你说的话原来都放在心里了呢！"

而小明完全沉浸在鸡腿的美味中，吃了一个鸡腿还不够，又拿起一个大鸡翅啃了起来。看着儿子那个样子，小明妈妈突然有点惭愧起来——俩娃都是同龄人还是邻居，区别怎么就这么大呢！看着自顾自吃不停的孩子，小明妈妈陷入了沉思……

案例二

疫情降临，大家只能宅家不出门，父母孩子亲子共享的时间也多了起来，但是因此带来的亲子问题也成了无数妈妈的困扰。母慈子孝，其乐融融，共享天伦是我们最期盼的家庭时光，但理想很丰满，现实很骨感。

一天在班级的聊天群里，大家聊起了最近宅家的话题。一个妈妈先是在群里发了几个难过的表情，紧接着发起了牢骚："我家这娃是越来越没法管了，完全不把我这个妈放在眼里，煮好饭叫他吃都跟求他似的，饭菜端上来还嫌这不好吃那不合口味，不体谅我做菜辛苦不说，还怪我不会做菜……"一石激起千层浪，妈妈们因为这段时间管教孩子憋在心里的苦闷此刻得到了大大的共鸣，终于找到了宣泄的出口，大家你一言我一语地大倒苦水：

"我家孩子最近很叛逆，说什么都听不进去，嫌我唠叨，说我不该生他……"

"我家孩子网上看见什么喜欢的就叫我买买买，不买就各种闹情绪，从来不会心疼花钱……"

"我家孩子一天到晚不是玩手机就是看电视，叫做点家务活万般不愿……"

"我家孩子总和我顶嘴，眼里都没妈了……"

"我家孩子……"

那些本是妈妈心头肉的娃此刻却都成了妈妈们眼中的"小神兽"，挠心肝！

一个妈妈说："现在的孩子不懂感恩，什么都给他们准备在嘴边、手边，他们享受得那样理所当然！"

另一个妈妈马上接话："可不是嘛，养了一个'小祖宗'，真不知道以后该怎么办，长大了把不把我这个妈放在心里还都是个未知数呢！"

"我家那个'小公举',不仅自己要买牌子货穿好的,对我也要求多多,我穿随意点跟她出门都要嫌弃我,说怕同学看见了丢她脸!"

"哎哟,真不知道这些孩子是怎么了,我记得我曾经看见过一个故事,说的是一个清洁工的孩子,跟两个同学一起回家,路上遇见了正在清扫大街的妈妈,她毫不避讳地就走上去叫了声妈妈,结果遭到两个同学的嘲笑,这个孩子不但没有因此而不好意思,反而大声地反驳了他们:'如果我妈妈不扫大街,你们哪来的干净街道,你们生活在这么干净的城市里,应该感激我妈妈这样的人。'可是反而我们这些在优越的环境中长大的孩子,生活不愁吃穿,却对我们还各种不满,真是身在福中不知福啊!"

妈妈们越聊越来劲!大家的一致认识是——现在的孩子让父母伤神的不仅是学习,眼中没父母,感恩意识的缺失也是父母们的一大困扰。

问题聚焦

鸟有反哺情,羊有跪乳恩,饮水要思源,知恩当图报,孟郊在《游子吟》中写道:"慈母手中线,游子身上衣,临行密密缝,意恐迟迟归,谁言寸草心,报得三春晖。"字里行间流露着母子深情,字字句句倾诉着母爱之魅力。孝,是中华民族的优良传统,感恩父母,知恩图报,是每个孩子都应该具有的美德。

而从以上的案例中,我们可以看到现在的很多孩子只知道一味地索取,提各种要求,对父母各种挑剔不满,自私自利不懂为父母着想……感恩意识严重缺失,近年来甚至屡屡发生孩子因为对父母不满心怀恨意而伤害父母的事件。我们禁不住要问:"现在的孩子怎么了?我们的家庭教育怎么了?"通过案例以及调查了解,出现这样的状况有以下两方面的原因。

一、家庭感恩教育意识的缺失

孩子人生的成功与失败,与家庭特别是父母的言行、教育方法、责任心密切相关。现在家长们都对孩子抱有非常高的期待,望子成龙、望女成凤,怕孩子输在起跑线上,于是想方设法为孩子创造各种良好的条件,宁愿苦自己也不能苦孩子,希望把孩子泡在蜜罐里,对孩子有求必应,孩子都是小皇上、小公主、小心肝，对父母呼来唤去，父母们都乐此不疲地享受着，甚至攀比着，老张家能为孩子做的，咱们一定也不能落后了，老李家孩子有的咱们也得有。许多家长对孩子培养只重视智力上的发展，而忽略了对孩子品德的教育。事实上在这样的环境中成长起来的孩子无法感受父母的爱，更多的是父母对他们提出来的各种要求和无限的期望，于是这些孩子对父母的付出不领情，喜欢以自我为中心，唯我独尊，目中无人，不懂得关心他人，不能与人为善，只知被爱，不知回报，只知道索取，不知道奉献，只知道受惠，不知道感恩，只知道享受，而不知道责任。长此以往，孩子认为所有的一切都是父母应该为我做的，享受的理所当然。

二、家庭感恩教育氛围的不足

父母是孩子最初也是影响最大的榜样，在孩子心目中有很高的威信，一言一行都深刻地影响着孩子。有些家庭，父母本身就毫无感恩意识，理所当然地享受爸妈的付出，心情不好时对自己的爸妈或大声吆喝或各种指责，常为一点小事破口大骂。长此以往，孩子耳濡目染，在潜移默化中受影响，想要建立感恩意识实属难上加难。

三、家庭感恩教育方式的错位

1.感恩教育方法呆板陈旧。家长们在教育时往往采用空洞的自上而下的说教、灌输方式，比如经常挂在嘴边的"你应该孝顺父母""爸爸妈妈为你付出了那么多，你得学会感恩""你必须这样做"。教育的方式很多时候都是强势呆板的说教，孩子停留在听听就过，只听不做，感恩教育难以收到实效。

2.感恩教育形式化。一些家长往往重口头教育，而忽略孩子的行动锻炼。由于缺乏体验感恩带来的快乐感受，孩子很难将感恩情怀内化为自身的需求，缺乏发自内心的感恩意识和感恩行为，容易出现"说的比唱的好听"的现象。

专家支招

（一）家长应树立正确的教育观念

1. 家长应树立"养""育"结合的全面教育观。家长除了满足孩子衣食住行物质层面的需求，更应注重孩子精神及道德方面的需求，这就是我们所说的"育"。家长在与孩子共同生活时，应注意引导孩子学会用好"谢谢"，父母做好美味可口的饭菜，餐桌上说一句"谢谢"，对父母的帮助道一句真诚的"谢谢"，当他人遇到困难时竭尽所能帮助对方，为辛苦劳作归来的父母端凳倒茶等。

2. 家长应树立多元的成才观。树立多元的成才观，要求家长转变"重智轻德"的观念，在看重孩子学习成绩的同时，更要注重孩子综合能力的培养。读书的首要价值不是"升学"，不是为了获得学历身份，而是提高能力与素质。不仅因为孩子的优异成绩而自豪，而且当孩子乐于助人、懂得尊重他人、礼貌待人、孝顺长辈时，更要及时给予鼓励和支持。

3. 家长应树立正确的教育价值取向。家长应把"学会做人，学会关心他人"作为教育孩子的最终目标。孩子是拥有独立人格的社会人，家长在教育孩子的过程中不应视其为自己的"私有财产"，不应把自己未实现的理想强加在孩子身上。

（二）家长应以科学的方法引导家庭感恩教育

1. 感恩教育应做到以情动情。感恩教育需要根据孩子的心理特点以及孩子的接受能力，选择适合孩子的感恩教育方式，以理服人、以情动人。面对处于逆反期的孩子，说教灌输的方式是行不通的，家长可以通过与孩子对话谈心，让孩子体会他人的付出，从而激起孩子的感激之情，在自然而然的情感交流过程中帮助孩子培养感恩意识。

2. 感恩教育应做到"知行合一"。孩子良好品德的形成是知情意行的统一，即感恩教育应以孩子形成感恩观念和行为为目的。因此，家长在教育孩子时应讲求"知行合一"，引导孩子将感恩落实到实际行动中。如，可以教育孩子从身边的小事着手，为劳累的父母做一次家务；为辛勤付出的老师倒水擦黑板；对帮助过自己的人真诚道谢等。把"感恩"的种子植入孩子心灵深处。

(三) 家长应努力创设良好的家庭感恩教育环境

1. 家长应创设富有感染力的感恩教育氛围。在一个和谐的环境中，孩子的爱心不需要刻意培养。家长给孩子讲知恩图报的小故事：登门感谢"恩人"时尽量带孩子前往，使孩子在有意无意中感受到爱与恩的交融，久而久之孩子会自然地表达出自己的爱与关心。

2. 家长应以身作则，为孩子树立榜样。孩子道德的发展是一个逐步内化的过程，优良的示范是最好的说服和教育。教子千遍，不如自己做一遍。无论工作多忙，都别忘了在假期带孩子去看望双方的老人；逢年过节、老人生日，和孩子一起为老人选购礼物。家长若能以身作则，处处感恩，特别是孝敬长辈，定能达到"无为而为，不教而教"润物于无声的理想教育境界。

(四) 施恩不图报，家长应防止感恩教育功利化

感恩是一种发自内心的情感，出自对生活及他人的感激，是非功利的，它不是投资，应该不求回报。因此，家长在对孩子进行感恩教育时，千万不要歪曲感恩的内涵，把感恩教育庸俗化。感恩教育应该上升到更高层次，即"施恩不图报"，这才是感恩以及感恩教育所应有的高尚境界。

法国杰出的雕刻家罗丹曾说过："世界不是缺少美，而是缺少发现美的眼睛。"让我们以家庭为感恩教育的起点，让孩子怀着感恩之心，去迎接和创造美好的未来。

第9课　三观端正

现场直击

案例一

期末考试即将来临，孩子们个个都在紧张地复习，唯独小张整日优哉游哉，一副胸有成竹的样子。

一天，小张的同桌问他："我发现你最近学习不是很认真，可又很自信，可以告诉我为什么吗？"

"我才不告诉你，这是我的秘密。"小张得意地说。

经不住同桌的一再追问，小张于是悄悄地对同桌说："今天放学我带你去我家看看，你就知道了。"

一放学，小张的同桌就迫不及待地跟着小张回家。一进家门，小张将书包一甩，大声地对里屋喊道："奶奶，我回来了，快给我檀香！"

"檀香，什么是檀香？"小张的同桌问道。

小张看着他同桌小声地说："这就是我的秘密，我奶奶说我家的神仙是世界上最有智慧的神仙，谁能虔诚地早晚三炷香地跪拜，神仙就会让谁考到好成绩。嘿嘿，这次你们谁也考不过我。"说完他接过奶奶手里的香，虔诚地跪拜起来。

小张的奶奶在一旁小声地祈祷着："大仙在上，请保佑我孙子能考到好成绩。"

正当小张拜下去时，小张的爸爸回来了，小张同桌疑惑地问道："叔叔，这是真的吗？"

小张的爸爸笑着说："他奶奶开心就行，多拜拜反正没坏处。"

小张的奶奶在旁接过话头，认真地对小张的同桌说："孩子，这个世界上有好多神仙，只要你诚心地烧香拜他们，他们就会保佑你心想事成的。"

案例二

小林乘坐校车回到家里就将书包一扔，把脚上的鞋一甩，气呼呼地说："气死我了，我不上学了！"

"怎么啦？宝贝。"小林的妈妈关切地问道。

"还怎么啦？就是你不肯给我买双好球鞋，买了这破球鞋。"

"这鞋就不能穿吗？"妈妈有点不解地问。

"能穿！能穿就不会让我今天在篮球场上输了十几分！"小林气呼呼地吼道，"再说，你去看看，那些穿了好球鞋的同学哪个不比我威风？我穿这种鞋去打比赛，头都抬不起来。"

"打球靠的是身高和技术，与球鞋好不好有什么关系？不要那么爱慕虚荣。"小林的妈妈反驳道。

"我爱慕虚荣？我是为了打球！你经常买那么多好衣服，然后穿着在你朋友圈晒，你才是爱慕虚荣！"

小林妈妈张大了嘴，不知如何回答，只好说："好，好，我明天就去给你买。"

案例三

"我才不去敬老院表演什么小提琴。"小胡大声地对妈妈说。

"你为什么不去？说说你的理由。"小胡的妈妈问小胡。

"敬老院那些老人有谁懂小提琴？有谁懂音乐？我去那儿弹，简直是对牛弹琴。再说音乐是要给能听懂的人听，那才叫知音。"

"他们不懂得音乐，可他们一样会给你热烈的掌声，给你美妙的赞扬呀！"小胡的妈妈解释说。

"那些掌声有什么价值？你不是说有付出就会有回报吗？他们的掌声没什么价值！"小胡理直气壮地反驳起来。

小胡妈妈听了，点了点头说："好吧，都听你的，不去就不去。你练好小提琴，做小提琴中的郎朗！"

问题聚焦

在日常生活和工作中，人们常常说错了话、做错了事，产生了误会，却不知道错在哪里，百思不得其解，其实根源就是三观出了问题。上面的三个典型案例非常生动形象地反映了不少父母只追求学习成绩的提高，忽视孩子心智的培养，最终导致孩子的世界观、人生观与价值观出现偏差。

一、孩子的三观有偏差

案例一的孩子信奉神仙、天命，认为每天给家里的神仙上香跪拜，神仙就会保佑他考好，这是唯心主义的典型表现，孩子的世界观显然出现了问题。案例二的孩子把输球归因为没穿名牌鞋，并认为不穿名牌鞋在别人面前抬不起头，没面子，所以要求父母给他买名牌鞋，这是以追求奢华生活为主要目标的人生观的典型表现，孩子的人生观显然出现了偏差。案例三的孩子不愿意去敬老院表演，认为敬老院的老人不懂得音乐所以给敬老院的人表演是一件没价值的事，他做的所有事都先考虑这些事对自己是否有利而根本不考虑是否能帮助别人，这是利己主义价值观的典型表现，孩子的价值观显然出现了问题。

二、父母的引导不恰当

小学阶段的孩子尚未形成自己的思辨能力与逻辑体系，父母教什么，他就学什么，听风就是雨。因此父母的引导对孩子三观的形成有着举足轻重的作用。

案例一的奶奶是一个迷信的人，觉得人的祸福贵贱由神鬼决定，人的生死夭寿是上天注定。她的这些观念是迷信的，是不科学的。缺少辨别能力的孩子在其熏陶之下，也会形成这种错误的世界观。然而在这个时候，最应该站出给予孩子正确引导的父母却没有认识到事情的严重性，放任自流。案例二的妈妈是一个爱炫耀、虚荣心重的人，常常在朋友圈晒自己的各种漂亮衣物，把这些当作生活中重要的事情。她的所作所为让孩子有样学样，形成了错误的人生观。在妈妈试图引导孩子积极人生观的时候，被孩子的质问问得无言以对，最终向孩子妥协并认同了孩子的消极人生观。案例三的妈妈有意识地让孩子去敬老院给老人表演节目，认为这不仅仅是一种技能展示，更是一种爱心奉献，爱心奉献的价值不比技能价值低。可妈妈的这种意识并不坚定，其实潜意识里还是觉得孩子练好小提琴，成名成家比去奉献爱心更重要，还有的父母让孩子去表演的目的其实是想在别人面前炫耀自己孩子的本事，是想获得别人的称赞羡慕以满足自己的虚荣心，这样的父母显然已无法引导孩子形成正确的价值观。

专家支招

一、父母要重视三观对孩子成长的重要性

三观就是世界观、人生观、价值观。世界观是对世界的总的根本的看法；人生观是对人生的看法，生存的目的、价值和意义的认识；价值观是指一个人对周围的客观事物（包括人、事、物）的意义、重要性的总评价和总看法。世界观、人生观和价值观三者是统一的：有什么样的世界观就有什么样的人生观，有什么样的人生观就有什么样的价值观。

正确的三观对孩子健康成长具有非常重要的作用。周恩来读小学时，一天校长问他们读书目的。有的同学说是为了当官发财，有的说是为了当老师，周恩来站起来铿锵有力地说："为中华之崛起而读书。"自此此念坚持一生，他为国为民鞠躬尽瘁，他的历史功绩丰碑永树，人格风范更是中外称颂。相反，三观不清、三观不正，或者对三观无所谓，导致人们在工作和生活中出现大量的误解、问题和错误，甚至是决策的失误和失败，使有的人工作、生活及人生走向了歧途，出现了危机。

人在幼儿、少年阶段通常只有价值观，到了青年就开始形成人生观，而世界观是到了人成熟以后才真正形成。因此小学阶段是孩子价值观形成

的关键时期，积极价值观的形成也为孩子日后形成正确的人生观和世界观打下良好的基础。我国海军第一位女舰长韦慧晓说："这个世界上有两种价值观。一种价值观是：戴着非常昂贵的手表，好显示自己身价百倍；另一种价值观，也就是我的价值观：一块不贵的手表，因为我戴过，所以身价百倍。"这两种截然不同的价值观对孩子成长的影响孰好孰坏相信大家一目了然。

二、父母要培养孩子树立合理的三观

一个人的人生观、世界观、价值观是在亲身实践活动过程中逐渐形成的，是在学习、工作、生活过程中逐渐形成的，是在父母、教师、学校、朋友、社会的教育影响中逐渐形成的。培养良好的三观并非一朝一夕的或者一段时间的事，只有切实从内心重视起来，不功利，不急躁，有恒心，有毅力，才能卓有成效。

（一）以自身作表率，注重言传身教

父母的三观，决定了孩子对世界的眼光，对人生的看法，对价值的衡量。一位知乎网友提到了他小时候和父亲在一起时遇到乞丐的情景。一般的父母可能会趁机小声教育孩子："记得要好好学习，不然就像他们一样，没有工作只能乞讨为生了。"而他的父亲则是语重心长地对他说："要好好学习，以后让这些人都能有工作，不再落魄至此。"可见，三观不恰当的父母，容易让孩子走上不适合的道路，把他们置于痛苦的境地。反之，观念正确的父母，也能顺其自然，唤醒孩子的潜质，培养孩子的特长，帮他们取得优秀的成绩。

需要注意的是，孩子虽小，但对世界，有自己的看法；对人生，有自己的规划；对价值，有自己的认知。所以，父母要做的，不是把自己的三观，强加给孩子，而是根据孩子本来的模样，自身的理想，天生的热情，陪伴他去寻找合适的航向。

（二）以好书为媒体，汲取成长能量

培根说："读史使人明知，读诗使人聪慧，演算使人精密，哲理使人深刻，道德使人高尚，逻辑修辞使人善辩。"知识能塑造人的性格，书刊

阅读具有导向功能，优秀的书刊常以正确的思想、科学的论断、优美的语言、感人的笔调和巨大的艺术魅力给人以教诲、力量、熏陶和美的享受，恪守道德准则，保持高尚的情操。父母不仅要求孩子读书，也要与孩子一起读书，亲自阅读，共同进步。吉姆·崔利斯《朗读手册》上也有这样一段话："你或许拥有无限的财富，一箱箱珠宝与一柜柜的黄金。但你永远不会比我富有，我有一位读书给我听的妈妈。"史斯克兰·吉利兰用诗一样的语言告诉我们"亲子阅读"的重要作用。

（三）以生活为课堂，辨析人生方向

父母要积极引导孩子在学习之余去感受生活，积极参加各种社会实践活动。不要恐惧孩子接触假恶丑的人和事，甚至不要担心孩子犯错误。孩子实践接触的东西越复杂多样，他的人生经验教训越丰富，他的分析、判断、选择能力就会越强，并且能够较为顺利地形成自己科学的世界观、正确的人生观、真善美的价值观！通过正确的引导，让孩子参与社会实践活动，成为其内化价值观以及养成良好生活习惯的一种有效途径，有利于孩子正确价值观的形成。许多优秀的父母不仅自己参加了志愿者义工队，也带领孩子一起参加一些十分有意义的社会实践活动，如植树活动，敬老院慰问活动，垃圾分类活动等。这些实践活动对孩子形成良好的三观非常有帮助。

三、父母要引导孩子科学地运用三观

（一）三观为旗，方能知行合一

人们常说要"听其言，观其行"。无论对自己，还是对他人，口头上说三观是远远不够的，关键在行为上，在做人、做事上，如何体现三观，有的人说起来口若悬河，能说会道，唱着高调，说得好听，而做起事来则是另一套，完全不对板，基本不着调。因此，父母要教育孩子以三观为旗，指引自己的生活与学习，力求做到知行合一。自古至今，许多伟人都有座右铭，让自己时刻牢记自己的奋斗目标，他们的做法十分值得孩子学习。

（二）求同存异，方能海纳百川

现实生活、学习和工作中，不同的人可能是有不同的三观的。三观契合并不是要求两个人完全一样，而是求同存异，因相似点互相吸引，因不

同点互相欣赏。因此，父母要教育孩子懂得包容他人，欣赏他人，对于与自己有不同观念的人要学会求同存异，海纳百川。

学以致用

一、读英雄故事，塑正确三观

请你挑选一本喜欢的书籍（下表中推荐的书籍供参考）和孩子一起阅读并填写亲子阅读卡，每周填写一次。

"读英雄故事，塑正确三观"亲子阅读书目推荐

书名	作者	简介
《英雄人物故事》	黄耀华	本书介绍了中国近现代史中的英雄人物。他们或是高瞻远瞩的政治家，或是智勇双全的军事天才，或是抛头颅洒热血的革命斗士，他们每个人的故事，都让我们回味无穷、受益匪浅；每个人的精神，都激励着青少年积极进取、奋发前进
《钢铁是怎样炼成的》	尼古拉·奥斯特洛夫斯基	本书讲述保尔·柯察金从一个不懂事的少年到成为一个忠于革命的布尔什维克战士，再到双目失明却坚强不屈创作小说，成为一块坚强钢铁（是指他的精神）的故事

"读英雄故事，塑正确三观"亲子阅读卡

阅读时间	书名	父母的心得	孩子的心得

二、做社会义工，感人生价值

请你选择参加一个社会义工团体，并带领孩子一起参加活动，并填写亲子活动卡，每月填写一次。

"做社会义工，感人生价值"亲子活动卡

时间	地点	人物	事情	体会

第 10 课　家校共育

现场直击

案例一

语文课上，小易因为不认真听讲，且与同学上课打架，于是家长便被班主任请到了学校。

小易的爸爸来到学校后，听班主任说完来龙去脉之后，直接当着班主任的面给了小易一个耳光，小易被打哭了，班主任见状马上拉住小易的父亲，对其劝解起来。

班主任对小易的父亲说道："小易今天的所作所为你也有一定的责任，从你刚才的行为可以看出，你平时一定也打过小易，你这样的教育方式不对。"

"孩子的教育不仅仅来自学校，还来自家庭，你这样的教育方式不利于孩子的成长。"班主任继续劝解道。

小易的父亲看到不停哭泣的小易，便对班主任充满歉意道："老师你说得对，孩子的教育是需要家庭和学校一起努力，我今后一定努力改正自己不足，加强家庭教育。"

在此之后，小易变得喜欢学习了，也不再与同学打架了，待人谦虚、与人友善。

案例二

小王升上六年级了，学习成绩优秀。不过，他开始变得不愿意与父母谈心，经常一吃完饭就把自己关在房间里，什么都不管。

一天晚饭后，妈妈正在收拾餐桌，看到小王没有像往常一样紧锁房门，而是在客厅里看电视。

"小王，过来陪妈妈一起收拾一起聊天！"妈妈喊道。

"我想看会儿电视呢，一会儿还有作业要做。"小王不太情愿地说。

"电视有什么好看的？快过来嘛！"妈妈又催促小王。

"哎呀，妈妈！你烦不烦啊？"小王语气开始不耐烦了。他把电视遥控器放下，又走去自己的房间里，将自己锁起来。

"哎……这孩子，我该拿他怎么办好？"妈妈盯着紧闭的房门，叹了一口气。又想到学校老师之前开的家长会上说过，学生已经开始了青春期前期的旅程，出现这种情况是正常的。但是到底该怎么办呢？小王妈妈拿出手机，拨打了班主任的电话……

案例三

时间如白驹过隙，转眼就到期末考试了。然而，下学期就要面临小升初考试的小霞却不知道如何复习，心里明明非常紧张，她六神无主，不知从何开始复习。

又是一个周末，小霞坐在书桌前，看着桌子上的书本、练习册和试卷，感觉自己满脑子都是糨糊。

这时，爸爸开门进来了。"小霞，写得怎么样啦？"

小霞还没来得及开始动笔，爸爸就看到了满桌乱糟糟的书籍，但是没有一本是正在看的："这是怎么了？难道你还没开始写吗？"

小霞别扭地挠了挠头，苦恼地说："太多了，我都不知道从哪里开始啊！"

"这是什么理由，你随便选择一个学科开始做啊！总好过你在这里想这么久！"爸爸有点儿气恼，实在理解不了为什么还会有这样的问题。

"没有啊……作业已经写完了。就是还有一个星期就要期末考试了，其他同学都在紧张地复习，可是我不知道该怎么复习，从哪里复习……"小霞解释道，并对爸爸说出自己的苦恼。

爸爸闻言，知道错怪了孩子，又担心又无奈，忍不住说道："学习不可以临时抱佛脚的，你平时也要勤于积累，其他同学这时候就可以拿出自己平时写的笔记开始复习了。"

"爸爸，我现在有点儿慌了，下学期又要小升初，这次期末考很重要……我万一考得很糟糕怎么办啊……"小霞哽咽起来，着急道。

"没事，我们先从你觉得比较容易的部分开始复习。一会儿再一起给你老师打个电话，看看能不能告诉你比较好的复习方法。"

"好……"小霞选了一本书，拿起笔，终于开始复习了。

问题聚焦

孩子的教育不能完全依靠学校，家庭的教育也起到十分重要的作用，孩子在学校学到的是知识，而孩子在家庭中学到的是人生的道理，家长是孩子的第一任老师，家长的一言一行都对孩子的成长有引导作用，家长的表率是其学习的榜样。因此，要做到家校共育，才能让孩子做到身心健康成长，促进其全面发展。

一、家庭教育错误

案例一中小易因为上课打架，便被自己的父亲直接打了一巴掌。于此，便表明小易父亲的家庭教育便是以打骂为主，因此，小易从家庭教育中认为只有打才能解决问题，所以，在课堂之上与同学发生口角后，便发生了打架的情况。这便是家庭教育出现的错误，家长没有认识到自己的教育出现了问题，对孩子的影响十分严重。案例二中小王出现了青春期前期常有的不愿意与家长沟通互动的现象。这与孩子特定年龄阶段生理、心理、情感变化有着密切的关系，是一种正常现象，家长不必恐慌。小王妈妈在案例中使用的句式和语言让孩子觉得不是在沟通，而是命令、不耐烦的语气，小王妈妈最终选择向班主任求助。其实对孩子也要注意方式手段，需要尊重孩子、倾听孩子，从心灵出发才能到达心灵深处。案例三中的小霞是在期末复习时遇到了问题——不知从哪儿复习，也不知该如何复习，这说明小霞平时没有养成定时复习的良好学习习惯，以致到期末总复习时感到"六神无主"，这时作为家长的小霞爸爸也做到了及时给予支持与理解，鼓励孩子查漏补缺、增强自信，并且帮助孩子共同解决问题。小霞爸爸最后也提到向老师寻求更专业的帮助，这么做也是非常妥当有效的。

二、学校教育的忽视

案例一的小易同学之所以会出现这样的表现，学校也有一定的责任，责任在于没有做到正确地教育，忽视了学生心理会随家庭教育的错误而发生变化，教师没有对此进行有效的指引。教师日常上课时，对于学生行为的转变没有加以引导，忽视了这一时期学生出现的种种行为，没有关注到其家庭方面的原因，导致学生会出现此种情况。

专家支招

一、家庭教育要正确

孩子的成长与家长的培育是分不开的，孩子最初的启蒙可能会是来自家长，因此，如果家长有一个正确的启蒙，孩子便会朝着正确的人生观出发，反之，便会出现案例中的情况。所以，家长应从自身做起，不要做一些不良的示范，更不能随意打骂孩子，自身具备了正确的教育观念，孩子就会跟着学习。比如，家长在家多看书，对待孩子出现的问题要耐心教导，行事不能以暴力为主。不仅如此，家庭教育要及时与学校教育配合，做到家校共育。

二、学校教育要准确

学生一大部分的时间是在学校，因此，对于学生的教育，很大程度上需要依靠学校进行，在此过程中教师的作用是很重要的。学生成长的过程中，心理是十分敏感的，很容易受到外界的影响，使其行为不可控制。所以，教师对其引导是十分重要的。教师要及时发现学生不良行为，并对其进行正确引导。而且，学校的教育要准确，对症下药，找准学生出现不良行为的根源。课堂教学中加强与学生的互动，用有趣的教学手段吸引学生，多与学生进行沟通，以待人谦虚为教学导向，将学生朝宽容待人的方向引导，并积极与家长进行沟通交流，了解家长的管理方法，建立家园共育的体系。

三、案例小结

小学阶段的孩子正处于模仿学习与习惯形成的重要阶段。由于认知水平有限，因而在模仿行为之前，孩子很难理性判断行为正确与否。因此，与孩子朝夕相处的家长需要以身作则，以自己的正确行为去感染孩子，以潜移默化的方式去影响孩子。

遇事喜欢用暴力解决这一行为不仅可能是模仿行为，本质上更是反映了情绪管理能力的问题。小学阶段的孩子在尝试独自解决问题时，常常因为能力不足、自身认知水平有限、视野有限等而碰壁，因而变得情绪化，而这一情绪化通常以极端的方式表现出来。因此，无论学校的心育工作还是家庭的亲子教育中，培养孩子正确处理情绪的思维、教导孩子遇事的解决方式都是重中之重。

学以致用

一、读优质书籍，培养正确的认知

请家长挑选一本喜欢的书籍（下表中推荐的书籍供参考）和孩子一起阅读并填写亲子阅读卡，每周填写一次。

"读优质书籍，培养正确的认知"亲子阅读书目推荐

书名	作者	简介
《小王子》	安托万·德·圣·埃克苏佩里	本书的主人公是来自外星球的小王子。书中以一位飞行员作为故事叙述者，讲述了小王子从自己星球出发前往地球的过程中，所经历的各种历险。作者以小王子的孩子式的眼光，透视出成人的空虚、盲目、愚妄和死板教条，用浅显天真的语言写出了人类的孤独寂寞。同时，也表达出作者对金钱关系的批判，对真善美的讴歌
《好妈妈胜过好老师》	尹建莉	作为孩子的妈妈，我们要给孩子做一个好榜样。一个各方面做得优秀的妈妈才能培养出一个优秀的孩子。家庭是孩子最基本的生活和教育单位，妈妈是这个教育单位里的"老师"。一言一行，一举一动，都有可能成为孩子的效仿源。无数事例证明，孩子最初的行为习惯都是从妈妈身上学来的。因此，面对不听话的孩子，妈妈要特别重视榜样对孩子的巨大影响作用，时时处处为孩子树立好的榜样

"读优质书籍，培养正确的认知"亲子阅读卡

阅读时间	书名	父母的心得	孩子的心得

二、做社会义工，体生活不易

请家长选择参加一个社会义工团体，带领孩子一起参加活动，并填写亲子活动卡，每月填写一次。

"做社会义工，体生活不易"亲子活动卡

时间	地点	人物	事情	体会

第 11 课　温馨港湾

现场直击

案例一

"哥哥，快来抓我啊！"

哥哥追着弟弟在客厅里上蹿下跳，客厅里各种物品乱得犹如战场一样，正好一向讲究干净整洁的爸爸下班回来看见了这一幕，不由得火冒三丈，对着俩猴娃吼了起来："你们俩，马上给我停下来，立刻把东西收拾好！"

但这俩娃正玩得起劲，似乎并没有听见爸爸的命令，继续疯了似的边跑边笑边互相把沙发上的枕头扔向对方，结果弟弟一不小心正好把枕头扔到了爸爸的头上，爸爸不由分说便把弟弟拉了下来朝着屁股"啪啪啪"狠狠地就是几巴掌，弟弟哇地大哭起来，满脸委屈而无辜地看着爸爸，哥哥看着爸爸那剑拔弩张的样子也不敢再撒野了。

"跟你们说了多少遍啦，不要在沙发上跳，不要把东西到处乱扔，不要整天吵吵闹闹，不要……说来说去都是这个样，你们是没有把我这个爸爸放眼里了是吗？"

哥哥有点不服气："爸爸妈妈在忙，没空陪我们，我们玩一下都不可以，真是的！"

"臭小子，还敢顶嘴，爸爸的话就是命令，让你干吗你就要干吗，下次还这样弄得家里乱七八糟就狠狠惩罚！今天就罚你们站门口半小时，没我的允许不许进来。"

兄弟俩都低着头不敢再说话，只好怯生生老老实实地站到了门口外。

原本充满欢乐和笑声的客厅此刻弥漫着浓浓的"烟火味"。

案例二

"儿子，老师说今天发了数学测试的试卷要给家长检查，你去把你的试卷拿过来给妈妈看看吧！"妈妈一边收拾一边对正在房间里玩耍的儿子天天说。

过了好一会儿，还没见儿子拿过来，妈妈不禁提高了声调又催促起来："儿子，在干吗呢，叫你拿试卷过来，没听见妈妈的话吗？"

天天只好慢吞吞地去拿起书包，在书包里翻了又翻，翻了半天，还是拿不出试卷来，妈妈看着有些不耐烦了："让你拿个试卷拿半天，是不是没有带回来啊？"妈妈正想要打开书包帮忙找，结果一打开书包试卷就已经出现在眼前，于是一边打开试卷一边唠叨，"试卷不是在这儿吗，干吗还磨磨蹭蹭的。"打开试卷一看，一个大大的 61 分闯入了眼帘，原本就已经不耐烦的妈妈此刻更是火冒三丈，61、61、61……妈妈看着这个刺眼的数字，完全没法接受这是她自认为活泼聪明的儿子考出来的分数："儿子，你怎么回事，怎么才考个 61 分，你上课到底在干吗，是不是都没听老师讲课？"妈妈连环炮一般地质问儿子。看着妈妈生气的样子，儿子更是大气不敢出。妈妈越说越生气，完全不理会儿子的委屈："总跟你说少壮不努力，老大徒伤悲，你完全不当一回事，你看你这个分数，将来怎么考高中怎么上大学，读不了书将来你连自己都养不了。"

天天低着头一声不吭，考不好，他心里也很难过，他多想此刻妈妈能够给他一点安慰一点鼓励，他不明白，妈妈平时不是总是跟他说，自己是她的心肝宝贝，她最爱自己吗，为什么在成绩面前妈妈就变样了呢？

问题聚焦

人们常说家是温暖的港湾，是一个让我们在外努力拼搏的人时刻惦记的地方，也是我们在外常常第一个想到的地方。孩子也渴望家庭的温暖，当他们遇到困难、被人孤立或被人伤害、面临选择困难、犯了大错误的时候，就需要在家里被倾听、被理解、被陪伴，疏散情绪、重拾信心。但是，现在很多父母看到的是孩子成绩不理想、交际能力差、不够努力，等等，而忘了家是讲爱的地方，不是讲理的地方，让本应温暖的港湾变成了冰窟。

　　从以上案例可看出，不管是案例一的爸爸还是案例二的妈妈，在对待孩子的时候都缺少了那么一些温情，爸爸为了家里的整齐干净而呵斥孩子，妈妈因为考试成绩不理想而责骂孩子，为什么如今越来越多的家庭陷入了这样一种冰冷的状态呢？

一、放情绪轻管理

　　现在的家长压力大，在工作中时常会积累很多负面情绪，有些家长也不懂得进行情绪管理，很多时候会将坏心情带回家里，工作累了困了或者心情不好的时候回到家里看这个不顺眼，那个不顺眼。为了发泄心中的情绪，不管逮到谁，劈头盖脸就是一顿骂。案例一的爸爸在处理事情的时候就没有很好地控制自己的情绪，喜欢干净整洁本没有错，可孩子天性贪玩好动，兄弟俩在家里打打闹闹是再正常不过的事了。作为爸爸，可以给孩子定规矩，但是绝对不是看孩子做得不好时就严加呵斥禁止，如此一来，也许在那一瞬间，你的威力起了震慑的作用，但是同时也让孩子与你少了一份亲近。

二、重成绩轻关怀

　　在浮躁的社会里，家长们都变得急功近利，甚至焦虑了。不管孩子是不是读书的料，都希望孩子在读书方面有所出息，他们都喜欢在心目中画一个完美的孩子的模样，然后希望孩子成为自己所期待的样子。不可否认，每个父母都是爱自己孩子的，但现在很多父母却打着爱的旗号给孩子施加了太多的压力。学习成绩只是人生的一部分，相比于心理健康，后者才是孩子后续发展的持续动力。案例中的妈妈在我们的现实生活中并不少见，孩子成绩不好，本来就已经噤若寒蝉，回到家里感受到的不是父母给的关怀鼓励，反而是责骂，在他失落的时候得到的不是家的温暖而是更大的失落，在这样的家庭成长起来的孩子感受不到家庭的幸福，而自然也会缺失传递幸福的能力。

三、重缺点轻优点

有些父母，一生都在做孩子的差评师。不管孩子表现好坏，总能鸡蛋里挑骨头。孩子吃饭太快的时候，他骂孩子："你狼吞虎咽干什么，家里没饭给你吃吗？"当孩子吃饭太慢的时候，他又骂孩子："磨磨蹭蹭的比蜗牛还蜗牛，就没见过你这样磨蹭的！"当孩子参加艺术家的画画比赛获奖了，他嗤之以鼻提醒孩子："学习成绩好，将来考上个好大学，那才是真本事，一张画画比赛的奖状，你得意什么！"父母永远看不到孩子的优点，总是在挑剔打压孩子，永远都是别人家的孩子更优秀。在这样的家庭里生活，孩子又怎能感受到父母的温情和家庭的温馨呢？

四、重物质轻陪伴

有些家长，名义上每天都回家，但其实给孩子的陪伴时间几乎为零。他们只知道满足孩子各种物质需求，却甚少跟孩子沟通交流，孩子在学校发生了什么事情，孩子心里最近都在想些什么，他们一无所知。还天真地认为，只要我的孩子，每天按时回家，那就够了。陪伴，不仅仅是住在一个屋檐下，更要有交流，才能其乐融融。还有的家长忙于赚钱，忙起来孩子想见上一面都难，家长确实为孩子创造了很好的物质生活条件，但是却在孩子成长的路上缺席了。家也许是豪华的，却缺少了爱的味道。

专家支招

一、管控情绪，幽默化解

父母在与孩子相处时难免会产生分歧矛盾，家长发火，孩子心中会充满恐惧或者是产生严重的抵触情绪，如果父母经常放任自己的情绪对孩子大吼大叫，孩子会在不知不觉中受到伤害，长此以往，孩子会变得敏感而不自信，所以父母一定要学会控制自己的情绪，当你要愤怒、想要指责狠批孩子时，有个延迟5分钟的技巧：一是先转移自己的场地，等情绪冷静下来后再跟孩子沟通，二是当孩子的行为让你感到愤怒时，可以尝试做深呼吸，自我放松缓解情绪，尽量让自己平静下来，然后坦诚地跟孩子表达自己的感受和情绪，比如告诉孩子：你的行为让妈妈特别生气，现在妈妈需要冷静。但要注意的是说这话的时候，语气要温和，才能避免双方矛盾的升级。又或者是变身"幽默大师"，在幽默中化解彼此敌对的状态，要知道，幽默可是能让你在亲子关系中加分，幽默是亲子关系的润滑剂，具有幽默感的家庭，即使亲子之间出现矛盾，也能更好地解决，孩子的幸福指数也会更高。

二、扬长避短，激发动力

作为父母，爱孩子的心是毋庸置疑的，但是现在有些家长无视孩子个体的差异，无视孩子个性发展的需求，以学习论成败，以分数论英雄，考试成绩好的孩子，受到百般宠爱，而考试成绩屡屡不理想的孩子受到家庭的指责和白眼。我们不能打着爱的旗号对孩子施加各种不合理要求，孩子没达到要求家长就百般挑剔，给孩子贴"坏标签"。孩子的心理健康比学习成绩更重要。一时的成绩，不能代表一生的成败，不断地成长，才能造就一生的成就。千万不要因为成绩差而让孩子产生歉疚感、负罪感。一定要关注孩子本身，善于发现孩子的优点并加以鼓励，哪怕孩子暂时成绩还不理想，家长一定要持有这样的信念——每个孩子都各有所长，有的孩子能够学好功课，有的孩子擅长画画，有的孩子活泼好动擅长运动，有的孩子性格文静内向但心思缜密……台湾作家刘继荣写了一篇博文，博文说她读中学的女儿成绩一直属于中等，但却被全班同学评为"最欣赏的同学"，理由是乐观幽默、热心助人、守信用、好相处等。她开玩笑地对女儿说："你快要成为英雄了。"女儿却认真地说："我不想成为英雄，我想成为坐在路边鼓掌的人。"所以，家风是应该培养孩子的真诚、善良、勤奋、责任，还是只关注他的学习成绩？是应该更多地关注孩子努力的过程，还是更在乎最后的结果？如果孩子能健康快乐地成长，做一个拥有一份平静和善良的普通人不是也很好嘛。家长们别只是盯着孩子的缺点，用欣赏的眼光发掘孩子的优点并加以激励，孩子可以从这样的氛围中汲取更积极向上的能量，个人综合素质的延展性可以得到更好的发展，身心更加愉悦健康。父母的鼓励肯定是对孩子最大的支持，不要过多地说教，不要强迫、打压孩子，多跟着孩子的兴趣走，多用"拇指"教育，而不是"食指"教育。让赞美变得及时、当面，而批评，则可以运用"三明治"法则，在宽松中渗透严肃，如此这般，家也会因此而变得暖意融融。

三、亲子陪伴，沟通交流

陪伴是最长情的告白，陪伴可以给孩子更大的安全感，家长应尽量多制造陪伴孩子的机会，多花一些时间陪伴孩子，比如让他爱上一种运动、与孩子共享大自然、丰富他的书架陪他一起阅读、带他去旅行、建立家庭亲子日、和他一起玩游戏、送他印象深刻的礼物、为他组织和小伙伴的聚会、为他做美味大餐，等等。平时下班后多跟孩子聊天谈心，比如时常可以和孩子聊这样四个问题：学校有什么事发生吗、今天你有什么好的表现、今天有什么收获吗、有什么需要爸爸妈妈的帮助吗，等等，在沟通中增进亲子感情，在交流中创设温馨和谐的家庭氛围。

四、鼓励探索，培养自信

家是孩子成长的港湾，但作为父母也必须在养育、保护孩子的同时逐渐放手，一边帮助孩子建立规则、明确界限，一边克服向孩子传递恐慌和焦虑的问题，让孩子习得责任感和能力感；以示范代替说教，以鼓励代替惩罚，允许孩子在摸索的过程中犯错，把错误当成学习的机会。孩子的独立和自信是在父母的帮助和鼓励下慢慢建立起来的，在这个过程当中父母要给孩子更多的放手和鼓励，让孩子主动地去探索和实践，学习的知识越来越多，懂得越来越多，实际操作越来越多，孩子的自信心也就会越来越足，独立地去做一些事情也就有了胆量和信心。一个父母和孩子都能够保持探索进取精神的家庭，必定能够为孩子提供源源不断的动力和自信，成为孩子成长路上最有能量的港湾。

"无论是学校教育还是家庭教育，对孩子而言，最重要的东西，不是知识，而是对知识的热情，对自我成长的信心，对生命的珍视，对他人的善良，以及更乐观的生活态度。这些都需要良好家风的浸润。""永远记得让家成为每个孩子心中温暖的港湾，不要让家成为竞技场！"

第 12 课　亲子沟通

案例一

"叭叭、啾啾、砰砰"，在小良的房间里，传出来阵阵游戏声音，他已经在房间里玩了好几个小时了。

"快出来吃午饭了，现在都几点了？妈妈给你准备的午饭，都凉了。""好的，打完这一局。"小良极不情愿地回了一声。

时间又过了半个小时。

"你还没吃午饭呢，吃了再玩。"妈妈对着他大喊道。

"我不吃了，都快完蛋了，都怪你！"小良埋怨道。

"你看你，整天就知道玩游戏，还老是忘做作业，以后看你读什么书？现在又来赖妈妈。"小良妈妈说道。

"好好好，真啰唆，别管我了，我不吃午饭了！"小良不耐烦地说道，然后把房门大力关上了。

"哎呀，你这孩子真是不听话！又不吃午饭！"妈妈对着小良喊道。

小良每到周末就会关上房门，在房间里一玩就是一天，对游戏的热爱已经超出了一切。

案例二

小纯是班里的好学生，从来没有担心过自己的学习，爸爸妈妈都很相信她，基本没有问过她的学习情况。每天，她都是自己做完作业就睡觉。

但是，近来老师向小纯妈妈反映，她的学习成绩下降了很多，上课也不能专心听讲，经常自己一个人发呆。

"纯，你要好好学习，你怎么越来越差了？"妈妈问道。

"我知道了。"小纯答。然后就进房间，关上了房门，里面一点动静也没有。

对孩子的这些不一样的表现，小纯妈妈在心里久久不能释怀。今天打扫小纯的房间，在整理书本时，从里面掉落了一张小纸条，上面写了对班上小军同学的好感，喜欢小军的高大又英俊，成绩也很好，等等。

等到小纯放学回到家，妈妈马上问道："你现在怎么了？"拿着小纸条给小纯看。

"你为什么乱翻我的东西？我恨死你了。"小纯说完就进了房间。

"砰砰……"妈妈大力地拍打着房门。

"你快点开门，出来说清楚。"妈妈急了。

"妈妈，我恨死你了！"小纯将房门反锁了，晚饭也没有出来吃。

案例三

小锋这次期中测试又得了 70 分，回到家把试卷拿给爸爸签名。

"你怎么考得这么差，真是人头猪脑。"爸爸看到成绩这么差就骂起来。

小锋看到爸爸这么生气，只是低下头，默默地流眼泪。

"你为什么不说话？死蠢！"爸爸越来越生气，这时小锋就更不知所措，眼泪流得更急了。面对情绪容易爆发的爸爸，小锋那呆滞的表情，很是可怜。

问题聚焦

亲子沟通是一个永恒的话题。它承载着家庭教育的重任，只有良好的亲子间的沟流，才能找出孩子的问题所在，也就是找到不利于孩子发展的障碍，才能教育好我们的孩子，让孩子朝着我们期望的发展目标前进。

一、孩子习惯的养成，沟通与约定不能缺位

小学阶段是养成良好习惯的关键时期，习惯好不好，要看家长和学校的教育情况。中国青少年研究中心的专家孙云晓指出："习惯决定一个人的命运。"可见习惯的养成是多么的重要，人一旦养成了习惯，就会不自觉地在这条路上一直走下去。

在家庭教育中可以创造宽松、民主、平等、对话、交流、沟通的环境，这有利于孩子良好习惯的养成。希望孩子能成才，是每位父母的共同目标，但是我们不能操之过急，必须有耐心，慢慢地引导孩子。及时的称赞是表扬孩子最好的方法，无意中发现孩子的好行为，要及时称赞，以示鼓励，强化孩子的这种行为。父母要做好表率，榜样的作用是很重要的，正所谓有样学样，我们的一言一行必须让孩子知道什么是对与错。但是对坏习惯我们要有坚决的态度。在教育中，父母要有默契的合作。在教育孩子方面，父母之间态度要一致，就算是意见不统一，在孩子的面前也要保持一致，这对培养孩子的良好行为习惯会起到重要的作用。

二、父母的理解与交流，决定孩子的走向

由于身体发育的原因，少年的心理也随之发生了微妙的变化。父母在面对孩子的身心变化时，要做出正确的引导。如小学高年级的学生，会产生对异性的好奇心，也是人们所说的早恋问题。如果将孩子们对异性的好奇心，全部定性为早恋的话，往往就会产生不良影响。对异性的好奇心是生理发育所产生的一种情感需求，是一种正常现象。父母要淡化问题，引导孩子正确认识早恋。不能用偏激的甚至强制的手段去控制，或是取笑他，这样孩子会更加反感。本应该是一种对异性的好奇心，你偏偏要把他推向早恋，这样的例子比比皆是。

三、父母平等对待孩子，理解与支持不能少

望子成龙是每个父母共同的愿望，当发现孩子的成绩不好，或孩子的能力比别人差时，我们是责骂，还是给予更多的帮助呢？案例二中的父亲，

只会一味地谩骂，这对孩子来说能有多大的用处？这样做孩子只会越来越怕学习，或对学习失去了信心。要了解清楚，孩子为什么学习差，只有心平气和地与孩子交谈，寻找原因，才能解决问题。

专家支招

世界上没有一个人是完人，每个人都是有缺点的。小学阶段的孩子，会遇到更多的问题，家长教育就成为关键。家长要掌握孩子的身心发展特点，并采取相应有效的教育方式，去促进孩子的身心发展，帮助孩子走向正确的人生轨迹。亲子沟通是家庭教育的重要方法，那么，该如何与孩子保持良好的沟通呢？

一、平等沟通，促家校共育

家庭教育与学校、学生的关系就是一个等腰三角形，只有家校共同努力，孩子的成长才能发展得更好。

当孩子出现不良行为时，家长可以找个适当的时机，和孩子好好地交谈，了解其中的原因。如一些孩子沉迷网络游戏，家长就可以问下孩子现在玩的是什么游戏，对游戏要有了解。了解班上的孩子有没有都在玩这些游戏，如果都在玩，家长要及时与学校取得联系，寻求学校、老师的帮助。不能不给孩子玩，直接不给孩子用电脑、手机，或打骂孩子等；也不能任由孩子玩，玩到不完成作业，上课不专心等。父母可以先和孩子谈谈，沉迷游戏的坏处，多与老师沟通。在家里，家长不在孩子面前玩手机、玩游戏，多与孩子谈谈在学校发生的事情，谈谈时事、家常等。与老师沟通联系，老师在班上加强教育，让孩子少玩游戏、不玩游戏等，给孩子养成良好习惯提供有利条件。家长不知怎样教育孩子时，要多与孩子谈谈心，听听孩子的心声，说说父母的想法，在交谈中建立平等关系，这有利于解决问题。父母在学校和老师的指导下，更容易处理好孩子的教育问题。

二、互信沟通，促公正评价

互信是沟通的首要原则，在沟通中没有信任的谈话，是没有成效的。

当孩子出现某些不良行为时，首先要了解孩子发生了什么事情。在充分听取孩子的叙述后，父母再做出判断。在孩子的叙述中，父母要摆正心态，不要总是指责孩子的不对，我们是来解决问题的，不是法官判案。例如：高年级学生对异性产生好奇时，父母不要以为是什么大事情，这只是生理发育的一种情感需求，是正常现象。父母与孩子多分析，为什么会喜欢异性同学，引导他从情感中走出来。早恋也只是一种感觉，要让孩子知道，现在的感情是受生理发育影响的，只有到了成年，才知道什么是爱情。现在要把这份感觉收藏在自己心里，长大后，它将是你美好的回忆。父母不要把事情放大，多跟踪交流，让孩子知道父母说的是真心话。遇到教育问题可多与学校、老师联系，寻求帮助，不要存在家丑不外传的想法，否则只会让问题更严重。

三、尊重沟通，促健康成长

孩子不是你的私有财产。孩子是一个独立的个体，不是父母想打骂就可以随意打骂的，对于孩子的教育方法有很多，打骂是效果最差的教育方法。在孩子犯了错误时，要尊重他的人格，不做出伤害孩子自尊心的事。

想解决问题，想教育好孩子吗？父母可以先听听孩子是怎样说的。在尊重的基础上，会听得更明白，更知道孩子需要什么东西。孩子年龄小，父母更要培养他们自尊自立的思想，只有得到尊重，他才会什么事情都与你说，这样对引导孩子改正错误更有效果。一味地打骂，只会让孩子害怕，只会什么事都不敢说。平心静气来想一想，小孩犯错很正常，不然小孩子为什么要接受教育呢？想想小时候，谁没有犯过错误呢？想让孩子成才，他就必须接受教育，就像花草一样，需要阳光、雨露的滋润。

四、学习提升，促家庭教育

现代家庭教育的发展日新月异，面对孩子接受外界事物的变化之快，父母的教育观念也产生了较大的变化。首先，父母作为孩子的第一任老师，也必须时时学习提升，掌握必要的家庭教育知识和方法，这样才能有效地与孩子进行亲子沟通，减少与孩子的代沟问题。家庭教育类的书籍与杂志，尤其是沟通技巧、家庭教育等，父母应该多阅读。其次，父母可以定期参加一些学校或者社会举办的家庭心理健康知识讲座，学习相关的心理学原理，并向其他有经验的家长学习取经，用恰当的方法做好孩子的交流。最后，父母要多尝试新鲜事物，对于孩子感兴趣的新生事物，例如动漫、流行音乐、电影、美食、抖音娱乐等，遇到此类话题多与孩子交流，不要急着下结论，不妨自己花点时间感受下，也许会有不一样的看法，这对于父母理解孩子、站在孩子的角度想问题也是有帮助的。一个高高在上的父母肯定是不如一个接地气的父母，有亲和力的父母才能使孩子更愿意亲近，更愿意说心里话。

学以致用

一、青春好书，亲子共读

亲子沟通读本能让父母更了解孩子的身心需求，让孩子感受到父母的关怀。请你和孩子一起阅读亲子沟通的读本，和孩子一起交流一起进步吧！

<table>
<tr><td colspan="3" align="center">沟通好书推荐</td></tr>
<tr><td>书名</td><td>作者</td><td>简介</td></tr>
<tr><td>《我想倾听你》</td><td>洪仲清</td><td>父亲逼年轻人承认自己说谎，而儿子恰恰觉得这才是最大的谎言；
孩子要价值几千元的手机，家长满脸困惑，不知道要不要买；
考试肆虐着孩子的身心，父母竟不知道如何保护慢慢长大的孩子；
……
这一幕幕发生在家庭内的故事，被心理讲师洪仲清以冷静、理性但又不乏同理心的笔触写出来。我们发现，倾听这种神奇的力量可以将家人之间的心拉得更近，不言不语，不动声色，以四两拨千斤之势去除萦绕在人心头的阴霾。所谓家人之间的关系难题，也在倾听这种方式之下，渐渐有了破冰的可能……
渐渐地，我们发现，倾听不仅能解除父母与孩子之间的对抗与隔阂，也可以疗愈曾经作为孩子的我们心头的不解与困惑。至此，孩子像孩子，父母像父母，各自安好，相看不厌。</td></tr>
<tr><td>《爱孩子就是好好说话：亲子沟通的18个神奇方法》</td><td>林玫莹</td><td>训斥和责骂可以使孩子屈服，却不可能让孩子信服。而有效的沟通不仅意味着充分地表达，同样需要真诚地倾听。本书通过分情景、分步骤的18个亲子沟通技巧以及带动式沟通和引导式对话，让父母成为孩子信赖的人，让孩子和父母更贴心，旨在帮助家长在与孩子的沟通中走出误区，让孩子在和谐的亲子关系中拥有一生受益的幸福力！</td></tr>
</table>

亲子阅读交流卡		
书名：		
阅读收获	孩子	父母
孩子给父母的一封信		
父母给孩子的一封信		

二、每月一"动"，陪伴成长

　　亲子沟通活动可以拉近父母与孩子的距离，提高孩子的心理健康水平，确立良好的亲子关系。请你每月策划至少一次亲子沟通分享会活动，用实际行动陪伴孩子，让孩子健康快乐地成长吧！

第13课　激发兴趣

现场直击

案例一

小彤刚放学回到家，爸爸就焦急地催促道："小彤，快做一下我今天在网上给你买的这个数学题，这可是北京的专家出的题！"小彤烦躁地说："爸爸，我刚放学到家让我休息会儿行吗？"爸爸不耐烦地说："光知道玩，你等会儿还要写日记、背诵唐诗宋词，只有今天努力学习，明天才有出息！"小彤一看还有这么多家长布置的作业，急得哭了，然后说："你想累死我啊，我还有老师布置的作业，再说，语文老师和数学老师上课我一点也不愿意听，更没兴趣学，哪像我英语老师那么幽默，我只喜欢英语……"父女两个因为学习的事情吵了起来，最后爸爸为了缓和一下气氛，让小彤到小卖部买点酱油，并给自己买点零食，没想到，小彤为了不回家学习，故意停留在小卖部门口看电视不回家，耽误了吃饭，父女关系更加紧张，小彤对各门功课感觉更加索然无味了。

案例二

明明今年10岁，读小学四年级，活泼好动，上课发言很积极，但是好做小动作。妈妈问："明明，今天上课是不是又说话了，再说话做小动作，我就不让你吃饭！"明明说："妈妈，我就是做了点小动作，老师的课没意思！"妈妈烦了，说道："你的学习成绩为什么不好，关键是你不认真听课……"明明听了后吵道："我就是不爱学习，爱咋地咋地。"听到孩子这样的语气，妈妈感到很头疼。

案例三

周末了，朵朵想让妈妈带着自己出去游玩，没想到妈妈给朵朵说："孩子，今天上午我们去上数学辅导、练舞蹈，下午去学写作，然后学架子鼓。"朵朵一听这么多辅导班，不耐烦地说道："真打算累死我，我不去，我就要去游乐场，学习没意思。"妈妈说："朵朵，妈妈这是为你好，不能光玩。"母女两人僵持不下，妈妈逐渐由过去的"慈母"变成了"暴母"，最终导致孩子对学习完全失去了兴趣。

问题聚焦

在学习中，兴趣是最好的老师，是鼓舞和推动孩子学习的自觉动机，是调动孩子积极思维、探求知识的内在动力。有了兴趣，学习就不是一种负担，而是一种享受。布鲁纳说："学习的最好刺激是对所学材料的兴趣。"但是通过以上案例，我们可以看出孩子在学习兴趣方面，普遍存在以下问题。

一、孩子的兴趣爱好总是被打压，孩子逐渐失去了好奇与探索的天性

有的父母因为过于受应试教育的影响，只关心孩子考试科目的成绩，对于其他方面的表现很不关注，也没有及时给予正确的引导，于是孩子好奇和探索的天性就被无情地打压下去了。例如案例一从小彤和家长的行为可以看出，小彤对语文、数学不感兴趣，对英语学科感兴趣，小彤的爸爸采取给孩子添加小灶，过度的补习导致了孩子的学习兴趣大大降低。之所以出现这些行为，是因为家长受到应试教育的影响，认为成绩不好就不会有好的未来，所以出现急躁的情绪，孩子之所以不喜欢语文和数学是因为任课老师的教学水平不好。

二、急于高标准严要求，有些人恨不得让孩子马上变得处处优秀，对兴趣、信心、能力重视不够

有的家长对孩子的要求过高，认为自己的孩子是最好的，就要任何事情都要拿第一，为自己的面子而活。孩子们有点进步家长也看不到，只是盯着孩子的不足，孩子总有做得不好的地方，达不到要求就批评孩子，使孩子的学习兴趣渐渐失去。训斥、发火、惩罚的条件反射原理告诉我们：如果学习经常与不愉快的事情联系在一起，比如被打骂、强迫、惩罚、指责，那么时间久了，就会形成条件反射。孩子一学习就会想起这些不愉快的体验。例如案例二中明明主要是上课有小动作，家长很着急，甚至经常指责孩子。活泼好动是孩子的天性，出现问题的原因主要是家长认识不到位，对孩子一味地指责。

三、孩子没有梦想，对什么都没有期待

孩子因为年龄较小，或者父母没有给予及时的价值观、世界观、人生观的引领，所以没有自己的梦想，对学习，也没有任何期待。有的孩子基础和能力一般，父母就急着培养孩子独立完成作业的能力。例如案例三中主要是朵朵妈妈"望女成凤"错误心态的后果，激励孩子的兴趣主要靠物质奖励，最终导致自己成了"暴母"，孩子成了"不爱学习的孩子"。

专家支招

一、观察和发现孩子的兴趣

每一个孩子都有自己独特的优势和潜能，家长要做的就是不断去观察和发现孩子的兴趣。在这个过程中父母需要付出极大的耐心与支持。一般在孩子小学阶段，是发现兴趣爱好的最佳时机。父母可以多陪孩子玩耍，多参加一些丰富的课外活动，在这个过程中发现孩子更喜欢什么、更擅长什么。比如，如果发现孩子体能特别好，活泼爱动，就可以考虑体育类的兴趣班。如果孩子对音乐很有节奏感，也可以考虑音乐类的兴趣班。在这个过程中，父母要做的就是尽自己最大的能力和耐心，陪伴孩子去多接触

不同的事物，不断去尝试，发现孩子的潜能。

从孩子的兴趣出发，是改变孩子的一个很好的突破口。例如孩子喜欢玩游戏看电视，那么家长就要先认同孩子的做法。因为每个人都有自己的惰性，看电视是一种消遣的方式，玩游戏也是，孩子沉迷可以理解。家长要先认同再去引导，这样孩子才能听进去，这是做好沟通的第一步。如果家长跟孩子谈话的方式孩子不喜欢，家长就要尝试着去改变谈话方式，讲孩子爱听的、感兴趣的事情。例如可以和孩子聊一聊关于游戏的事情，让孩子了解到您是关注他的，包括他的特长和兴趣各个方面。这样孩子和你交流的心情就会积极一点，你说的话孩子自然就能听进去。

二、尊重孩子的爱好和选择

在选择兴趣班的时候，很多家长会根据自己的喜好，或者为了让孩子进名校强迫孩子考级，事实上这样并不利于孩子的长远发展。家长在帮孩子选择兴趣爱好时，一定要问问自己，孩子是真的喜欢吗？在培养孩子某方面的才能时，不能急于求成，强迫式的训练往往被孩子拒绝，孩子接受不了就会逃避训练。兴趣是最好的老师，只有选择孩子喜欢的兴趣爱好，他们才能够在学习中感受到真正的快乐。

在培养孩子兴趣爱好的过程中，家长应该循序渐进地引导孩子，让他们真正对所学的课程产生兴趣。要珍惜和培养孩子的好奇心。好奇心是对新鲜事物进行探究的一种心理倾向，是推动人们积极主动观察世界、开展学习思维的内在动因。要提高孩子的学习兴趣，一定要有好奇心的心理因素。当孩子有好奇心的时候，一定要及时鼓励，和孩子一起去探索和发现，这样孩子也就有了创造求知的欲望，学习本身就是这样的一个过程。

三、鼓励孩子长期坚持一项爱好

在培养孩子兴趣爱好的过程中，很多家长都会碰到有的孩子初期很愿意学习，到后期就不想学的问题。或者有的孩子兴趣爱好比较广泛，什么都学一点，却样样不精通。这个时候，就需要家长悉心引导，让孩子明白坚持的意义，将时间投入在某一项或某几项兴趣爱好上。

父母可以在孩子学习出现困难时，多鼓励孩子，帮助孩子一起战胜困难。只有持久而稳定的兴趣，才能让孩子坚持学习下去并取得进步。在孩子兴趣爱好培养方面，有的学校拥有丰富的课程资源，学校会开设很多课外活动课程，如击剑、马术、高尔夫、游泳、棒球等，并配备专业的老师进行教学，帮助学生不断发现兴趣爱好，培养个人特长，提高综合能力。

帮助孩子树立阶段性目标。有一个目标，就会使得孩子有一个努力的方向。现阶段，孩子学习比较被动，可能是因为基础不好，学习起来没有方向。家长可以跟孩子一起分析一下学习现状，给孩子制定一个"跳一跳就能够得着"的阶段性目标，比如说，把老师本周讲过的知识学会就是一个小的目标，只要孩子改变习惯，上课好好听讲，这个目标还是很容易就能达到的。

要改变孩子的现状，可以采用一些"奖励"的办法。孩子是需要鼓励和表扬的。当孩子取得一点进步的时候，家长一定要及时鼓励和表扬孩子。可以让孩子提出自己想要的"奖励"方式，就是孩子想要多看一会儿电视或者多玩一会儿游戏也行。因为，孩子付出了努力，有了进步，家长采用表扬的方式就会"强化"孩子的表现，这样孩子以后进步就会越来越大。

学以致用

引导孩子（激发兴趣）

孩子存在的问题	1.小彤对语文数学不感兴趣，智力水平中等			
	2.在学习中故意拖延时间去娱乐，甚至停留在小卖部门口看电视，耽误了吃饭，对各门功课的学习索然无味			
问题存在的原因	1.家长受应试教育的影响大，存在功利思想			
	2.孩子对英语感兴趣这一事件没被家长及时表扬			
	3.缺少适当的引导，家长恨不得孩子马上优秀			
	4.孩子没有一点娱乐的时间			
专家支招	1.家长先了解孩子的兴趣爱好			
	2.采用一些适当的"奖励"办法			
	3.帮助孩子树立阶段性目标			
学以致用	时间	方法	成效	出现的新问题
	（3月）至（4月）	找到孩子兴趣	√好 一般 无效	孩子对电视感兴趣
	（4月）至（5月）	采取奖励办法	√好 一般 无效	对物质奖励开始不感兴趣
	（5月）至（6月）	树立阶段目标	√好 一般 无效	阶段目标耐性需要加强
结果 总结	通过对小彤存在问题以及原因分析，专家给出了具体的策略，并运用到实际过程中，从三个月的实践看，小彤的变化还是比较明显的，但是一个好的兴趣的培养需要时间的磨炼			
建议	1.注意孩子兴趣的引导要及时、做到以身作则			
	2.孩子阶段性目标的落实要做到持之以恒，不能半途而废			

第14课　经典悦读

现场直击

案例一

晚饭后，妈妈懒洋洋地躺在沙发上看电视，小明拿着手机在一边开心地玩着游戏。不时激动地跟着游戏喊叫着："快快快、赶紧追上去……"

"儿子，老师今天布置了看书的作业，还有五分钟就到规定时间，时间到马上去房间看书。"小明玩得正高兴，妈妈乐呵呵地一边看着电视一边发话了。

小明万分不情愿地噘起嘴："不行，你都还在看电视，我也要玩完了再去！"

这小子，竟然敢顶嘴，妈妈不由得坐起来提高了几个分贝："你整天就知道玩游戏，写作业看书没见你那么积极，马上放下手机，看书去！"

"你整天只知道看电视都不陪我，书上的字我好多都看不懂，我才不想看呢！"小明不情愿地嘟囔着。

听见小明这么说，妈妈更是气不打一处来，对着儿子嚷了起来："你小子，你还好意思说，读了那么多年的书还说不认识字，那妈妈给你读书的钱都白花了是吗？不会的字你不是学过拼音了吗，自己拼去……"虽然不情愿，可是看着妈妈气冲冲的样子，小明只好生气地把手机往沙发上一丢，拿起了那本《了不起的狐狸爸爸》跑进房间……而妈妈依然若无其事地继续躺在沙发上看起了精彩的综艺节目……小明拿起书本，那密密麻麻的汉字就像一群蚂蚁一般在书上蠕动着，他是真的不会啊，他多希望妈妈能陪着他看一会儿书……

案例二

周末，一位妈妈带着儿子天天去朋友家做客。回来的路上，妈妈教育儿子："你看小美姐姐就比你大一岁，那么爱读书，已经可以熟练地把《论语》《道德经》《弟子规》等传统经典国学都熟读背诵下来了，读起《红楼梦》《三国演义》等名著也是不在话下，什么时候你也能这么爱读书呢？"

天天非常不服气地说："谁说我不爱读书了？"

妈妈就说："我给你买，不叫你你有看过吗？说你不爱读书你还不服气。"

"你买的那些书我就是不爱看，我要看我喜欢的书。"

"你只喜欢看漫画，那算数吗？"

"不仅是漫画书，我还爱看科学画报，还有杨红樱阿姨写的书。"

"那些书能提高学习成绩吗？不过是看个热闹罢了，给你买的这些名著题集、作文选才真正对你的学习有帮助。"母子两个争吵了一番，回到家天天就立刻把自己关进了房间，妈妈只能坐在沙发上生闷气。

案例三

"儿子，作业写完了吗？抓紧时间，准备睡觉咯！"

"妈妈，我还有看图写话没写呢，我不知道怎么写，你教我好吗？"小天向妈妈投去了求助的眼神。

"你平时不是挺爱看书的吗，怎么一到看图写话要么就是写不出来，要么就是写得没条没理乱七八糟呢？"妈妈有点生气地看着孩子。

"妈妈，我是爱看书，但是我只喜欢看书里特别搞笑的地方，写话的时候我也用不上！"儿子无奈地看着妈妈。

看着儿子犯愁的样子，妈妈十分困惑：如果孩子不爱看书，写作困难那是可以理解，可为什么天天这个超级小书迷对写话也会特别头疼呢？

有一天，妈妈看天天看书看得入迷也好奇地凑了过去一起看了起来，这是一本《吹牛大王历险记》，天天看到有意思的地方咯咯大笑，很快就看了一页又一页，连妈妈都有点赶不上他的速度，妈妈忍不住问："儿子，你怎么看那么快呢？"天天得意地说："妈妈，这你就不懂了，这是我看书的窍门，我可是会跳着看的，我只看那些特别有意思的地方，当然快啦！"

问题聚焦

其实很多父母都知道孩子应该多看书，可谈到怎样让孩子爱上看书这个问题，确实令很多父母头疼。因为生活中我们常常看到很多孩子不愿读书、讨厌读书。在他们看来，读书是一件很枯燥的事情，有一点空闲时间，他们都用来看电视、玩电子游戏了，实在是静不下心来看书。从上面的三个案例我们可以看到，对于培养孩子读书习惯这件事，要么无心，要么无力，要么无法。

一、家庭缺少氛围，孩子阅读难以静心

很多父母为了让孩子看书也是颇费心思的，比如为孩子准备漂亮的书房，舍得花钱给孩子购买很多的书籍，等等，但是很残酷的现实是所有这些良好的硬件条件都没法把孩子的读书兴趣调动起来。其实，孩子不爱看书，很重要的一个原因是父母本身不看书，家中缺乏良好的读书氛围。父母是孩子的榜样，父母本身的言行举止对孩子的成长有着重要的影响作用，案例一中的妈妈，自己在看电视却要求孩子去看书，孩子自然会想，为什么妈妈可以看电视我却不能玩游戏？孩子又怎能心服口服？买几本书给孩子，以为孩子就应该乖乖地给你看书，自己想做什么就做什么，这其实是非常不负责任的。加上低年段的孩子识字量不多，在阅读的启蒙阶段，父母的陪伴必不可少。而案例一中的妈妈，不仅不做孩子的榜样多看书，反而自己看电视时还用手机打发孩子，电视、手机游戏等电子产品色彩鲜艳、声音动听好玩，孩子一旦玩起来就特别容易沉迷下去，相比看电视玩游戏，看书无疑是枯燥的，正在刺激好玩的游戏占据了孩子全部心思时妈妈却要求孩子马上停下来去看书，孩子必然不能接受，即使是听从了妈妈的要求拿起了书，也是心不甘情不愿，只是为了完成妈妈或者老师布置的任务而已。在电子产品与书籍的这场拉锯战中，书籍作为弱势的一方要想取得胜

利，父母起着至关重要的作用。

二、父母急功近利，孩子阅读读而无趣

孩子爱上读书一定是从他喜欢的书开始的，因为喜欢，才会发自内心地愿意去看。案例二中的孩子其实一开始是个爱看书的孩子，但却因为妈妈急功近利，不尊重孩子本身的年龄特点及爱好，让孩子失去了对阅读的兴趣。孩子本来爱看的是漫画书、童话书和幽默故事书，妈妈却非得给订小学生优秀作文、小学生每日一词一句等学习方面的书；孩子希望从书中享受更多的乐趣，妈妈却担心现实竞争太激烈，不好好学习孩子将来根本无法立足，希望孩子多看书来提高学习成绩。我们常说，可怜天下父母心，父母做的一切都是为了自己的孩子！希望孩子多看书提高学习成绩，这无可厚非，但是不应以牺牲孩子的兴趣作为代价。

三、父母指导无方，孩子阅读读而无法

有很多父母常跟老师诉苦，孩子看完书后，问他看了什么，结果一问三不知，一到写作文的时候更是挠头抓腮。案例三的孩子虽然特别爱看书，但是在看书时只是单纯追求书中的情节，并没有深入走进书本，也没有做到"不动笔墨不读书"的习惯，而很多父母虽然有监督孩子读书，可是不知道如何对孩子进行阅读方法的指导，认为孩子只要读了就行，这样的孩子虽然看了很多书，但是阅读的水平却提高得非常缓慢。

专家支招

一、营造阅读氛围，激发阅读兴趣

（一）与书为友，润色人生

阅读到底有多重要？用一句话来概括可以说是得阅读者得人生。书是孩子的智慧宝库，儿童时期的广泛阅读，是孩子积累知识的基础，为他们以后的发展提供了广阔的智力背景。大量的课外阅读为学生提供了良好的智力背景可以引发学生积极思考，以读促思，以读助写，如果孩子的成长过程中没有了书籍，就好像生活没有了阳光，在电子产品盛行的今天，电

子产品确实给孩子带来了很多的便利和新鲜的知识，以至于有些父母对电子产品和书籍认识产生一个误区，认为看电视或看手机也可以学习知识，可以代替书籍。但是从人类大脑的活动来说，看电视，就是眼睛接收到现成的图像，看书更多的是自己的想象，作为人的眼睛和耳朵的延伸的电视，不需要费任何力气它所承载的信息就能进入你的大脑；而图书则是如果你不主动识别，再简单的句子都是无意义的乱码。读书时，一千个人眼里有一千个哈姆雷特，而看电视时，一千个人眼里只有一个哈姆雷特。电视禁锢了我们观察和思考的能力，而看书却给了我们更多的想象和思考的空间。有个段子特别生动地说出了阅读的意义，在于你看到河边日落的时候想到的是"落霞与孤鹜齐飞，秋水共长天一色"而不是"这只鸭子真肥，用来红烧肯定好吃"。向上、向善、向爱、向美的文学作品能"浸润"孩子的人格品质，提升情商。著名文学家钱锺书的夫人——著名女作家杨绛先生——曾经说过，读书不是为了拿文凭或者发财，而是成为一个有温度、懂得情趣、会思考的人，这样的人不就是一个幸福的人吗？所以说，得阅读者得人生一点也不为过。

（二）投其所好，精选好书

有兴趣读，才能有持久的内动力，但是对于小孩子来说，他们还不能甄别书的好与坏，因此，在尊重孩子的同时也需要帮助孩子筛选出适合他们的书籍。到底应该读哪些书呢？我们的专家给出了一些建议：首先要读好书，同样是读书，读不同的书对人影响是大不相同的，好书可以提高人认识问题、分析问题的能力，而一般娱乐性质的书主要起到娱乐作用，比如看笑话。孩子处在身心健康发展的阶段，对良莠不齐的书籍缺乏分辨率，这时候看书对孩子影响深远，所以说父母不仅要注意培养孩子爱读书的习惯，更要培养孩子读好书的习惯，所谓的好书，就是一些经典的，被时间认可的书。其次是读有意义的书。案例二中的孩子喜欢看笑话，看漫画，这些书也不是洪水猛兽完全不可以看，但这只是所读的书中一个很小的分支，孩子需要读一些具有教育意义、可以增长知识锻炼思维的书。再次就是孩子需要广泛阅读。案例二中的妈妈让孩子只做习题集、作文选，有失偏颇，这样读书很容易让孩子产生倦怠情绪。孩子成长比成绩更重要，只读课本或许能得高分，但应该让孩子更广泛地阅读，极大地促进孩子智力的发展，低年段的孩子可以先从绘本等图文并茂内容比较简单的书籍开始，然后根据孩子的识字量逐步扩大到童话故事、百科全书、科幻、经典名著等方面的书籍，增加孩子阅读的广度与宽度，激发孩子阅读的兴趣。有了好的书籍还不够，父母还需要创设良好的阅读氛围，同时陪伴孩子进行亲子阅读，只有这样，才能引领孩子走进书本，畅游书海。

（三）创设氛围，亲子陪伴

良好的阅读氛围能潜移默化地影响孩子阅读的兴趣，所以首先是要在家里创设浓厚的阅读氛围，首先是父母应该为孩子多买书，让孩子有书可读，其次是父母要努力成为一个爱阅读的人。现在很多时候很多父母陪伴孩子的时候不能做到全心全意，一边自己拿着手机，名义上陪着孩子，实际上是在刷着自己的朋友圈，还忙得不亦乐乎；高质量的亲子陪伴是用心，而不是你待在孩子身边就可以；所以，在你决定让孩子看书的时间，关掉电视，远离手机，没有这些外在因素的干扰，彼此都能更容易静下心来，做好了这些准备，然后和孩子一起端起书本静静地走进书的世界。说一千道一万，不如做个榜样给他看，父母应该以身作则，彼此都能享受亲子阅读的美好时光。由于低年段的孩子识字量不多，在阅读的起步阶段会有一定的困难，这时父母可以给孩子多读故事，你读他听。还可以跟孩子进行更多的交流互动，比如把你的读书感受跟孩子分享，读到精彩部分的时候让孩子猜一猜后面的故事，或者听完故事后让孩子把最喜欢的部分讲给你听，分享孩子的读书成果，通过这样多种方式感受读书的乐趣，从而激发孩子对读书产生更浓厚的兴趣。

（四）学以致用，激发兴趣

我们常说，要学以致用，日常生活中，父母应鼓励孩子将读物知识运用到实际生活中，比如孩子擅长画画，看了绘本后让孩子也学着把生活的画面通过简单的绘本描绘出来；读了《成语故事》，在遇上相应的情境时引导孩子想想这可以用上读过的哪个成语来描述；《十万个为什么》能解答很多生活中的疑问，在遇上疑问时让孩子去书中找找答案，或者书中看到内容正好可以解决所遇上的问题，让学生马上来帮忙解答。通过这样将书本与生活联系的方法让孩子增加知识的使用频率，表现欲望强擅长表演的孩子可以试着去演一演书中的故事。通过多种方式，让孩子学而能用，切实感受看书所带来的好处，一定会大大增加孩子的阅读兴趣，激发孩子继续坚持进行阅读的动力，最终达到良性阅读循环的目的。

二、学会阅读方法，提高阅读效果

（一）圈圈点点画画

读书必须有方法，才能让孩子的阅读效果获得提高。读书的方法要注重三到，眼到、口到、心到。三者缺一不可，这样才能收到事半功倍的效果。读书，要专一，要专精，能深入，不能这本书才开始读没多久觉得不好看，又丢下这本不看想去看其他的书，这样永远也定不下心来读完一本书，必须把这本书读完，才去读另外一本。为了不让孩子感觉有压力，在制订读书计划的时候，不妨宽松一些，实际执行时，就要加紧用功，严格执行，不可以懈怠偷懒。对低年段的孩子，由于他们识字量有限，不必非要抄抄写写，但是所谓不动笔墨不读书，动动笔总是要的，一年级的时候可以让孩子对喜欢的词语句子进行圈圈画画，强化记忆。到了二年级可以让孩子每读一本书都详细列出书的名字，作者，简单摘抄好词佳句，写写读书体会，等等，主要是为了培养孩子获取信息的习惯，同时循序渐进地教给孩子掌握读书笔记的科学方法。

（二）读读背背诵诵

朗读背诵是最传统也是最有效的学习语文的重要方法，是积累语言、培养语感的重要途径。通过朗读，文章的内容、情感、文句的优美、汉语言的韵律，都能被体会出来。所以对于一些优美的诗文或者好词好句，父母应该鼓励孩子大声地读出来，从读流利开始，到能有感情朗读，最后熟读成诵。对于表现力比较强的孩子，还可以让他们加上动作表情尝试多途径演绎，这既可以在诵读中有积累，同时也培养了孩子的理解和表演能力，可谓一举多得了。

三、养成阅读习惯，享受阅读快乐

阅读，可以熏陶心灵，可以滋养情怀，这是值得孩子一辈子都坚持的习惯，孩子如果能把读书当成一种需要，一种乐趣，他将能从阅读中受益终生。所以父母需要明确的一点就是，阅读不是孩子某个阶段要做的事情，而是贵在持之以恒地与书为友。该如何让孩子把阅读变成习惯呢？可以做以下的尝试。

（一）优选阅读时间

孩子刚刚明明在搭积木，玩得正开心，妈妈突然兴致盎然地要求：宝宝去看书！这显然是不合适的，这时候孩子的专注力明显在积木上。孩子刚写完作业非常劳累的时候，我们不建议让孩子读书，因为这个时间是孩子想要放松休息的时候，就应该让孩子放松休息。再比如孩子已经说好了这个周六下午和同学一起在外边做游戏，你非要把孩子关在家里读书，孩子肯定会不高兴，所以说阅读的时间很重要，在正确的时间做正确的事情。一般我们阅读的时间可以放在睡前，洗好澡之后是人最放松的时候，我们进行睡前阅读是相对来说最合适的，当然如果孩子喜欢的话，任何一段时间任何一个地点都可以阅读。

（二）坚持每天阅读

父母需要与孩子制订读书的计划，习惯都是在不断反复的练习中训练出来的，所以要让孩子养成读书的习惯，父母要跟孩子制订好阅读的计划，保证每天阅读的时间，最好每天都有半小时的阅读时间。而为了监督管理，同时也要有随时记录与追踪完成情况的措施，比如在日历上打钩，在手机上用打卡小程序打卡，等等，这样孩子就能每天对自己的阅读行为进行记录和追踪，增加孩子对自己阅读习惯的进度以及坚持与否的关注度和敏感度，还可以每天睡前都让孩子问自己一遍或者父母问孩子一遍"今天读书了吗"，在有了一段时间的体验之后，你会发现孩子可能会为了不破坏这个坚持的链条而去坚持每天阅读。同时为了鼓励孩子，给孩子适当的奖励，加点动力。只有长久地坚持，最后才可以帮助孩子把读书变成发自内心需要做的事情，让阅读成为自然而然的习惯，当阅读成了习惯，孩子的内心一定会因为书而收获满满的幸福。

每个孩子天生都是优秀的，他们具有无限的好奇心和探究精神。而书籍，能够满足孩子的想象，给孩子一个神奇的世界。无论家庭和学校生活多么有趣，如果孩子不去阅读一些美好、有趣和珍贵的书，便如同失去了童年最可贵的财富宝库。所以阅读是父母能给孩子的最好礼物，帮孩子爱上阅读后，我们只需静待花开。

学以致用

阅读可以改变我们的性格，可以改变人生的终点，可以丰富我们的思想，提高我们对生活的认识，丰富我们的精神世界，请你和孩子根据每天阅读的情况填写下面的亲子阅读记录卡，示范并引导孩子养成良好的阅读习惯。

亲子阅读记录——孩子卡							
书名：						第　周	
	星期一	星期二	星期三	星期四	星期五	星期六	星期天
阅读页数							
阅读摘抄							
阅读收获							
父母给孩子的话							
父母评价：一般☆　　良好☆☆　　优秀☆☆☆						父母签名：	

亲子阅读记录——孩子卡							
书名：						第　周	
	星期一	星期二	星期三	星期四	星期五	星期六	星期天
阅读页数							
阅读摘抄							
阅读收获							
父母给孩子的话							
父母评价：一般☆　　良好☆☆　　优秀☆☆☆						孩子签名：	

第 15 课　按时作业

案例一

已经上小学二年级的微微是一个乖巧的女孩，可是有一件事让她的妈妈很烦恼，就是她写作业特别拖沓。

"微微，现在都十点了，你的作业写完了吗？"妈妈关上电视，走到微微书桌旁边问道。

"没写完呢！妈妈，你别催我了，我得好好写。"微微一边打哈欠，一边说道。

妈妈走过去一看，微微写一个字所用的时间，别的孩子可能已经写十个字了。看到这里，妈妈忍不住发火了："每次做作业，就你最磨蹭！你是怎么写作业的？能不能快点？我电视剧都看了四集了，你这点作业还没写完？就因为写作业，你今天都没时间练琴！明天把今天没练的曲子补上。"

"我就是写得慢，我有什么办法？作业都没写完，我才不练琴呢。"微微赌气地回复。

"你还顶嘴？赶快写，明天还上学呢！"微微的妈妈非常生气，打了微微一下。别的孩子半小时完成的作业，微微能写两个小时。

"哇！"微微憋不住委屈，号啕大哭起来。

"行了行了，咱不写了，赶紧去睡觉。大半夜的，邻居听见还得来敲门！整栋楼就数我们家最闹了。"爸爸暂停下电脑游戏，从卧室出来说道。

"不行，今天必须写完！不写完谁也别睡。"妈妈更生气了，直接把微微按在椅子上。

微微只好一边抽泣，一边写作业。过了半个小时，微微才合上书本，收拾书包。

像今天这种情况，作业稍微多一点，她就能写到深夜。导致一家人每天晚上睡觉都在十一点之后。这样既影响了孩子的休息，也影响了家人的休息。新学期马上开始了，妈妈非常希望她能够改掉这个坏习惯，可是又苦于找不到方法。

案例二

"100元人民币可以换几张50元人民币？你说，这道题该不该错？"小卓的妈妈一手叉腰，一手拿着数学试卷，对小卓喊道。

"不该……"小卓低着头，用眼角偷偷瞄了瞄妈妈。

"这道题为什么没有答？是不是又忘写了？还有这道和这道！跟你说了几百次了，好好检查，好好检查！你是不是又没有检查试卷直接交卷了？"妈妈生气地说。

"我明明检查了，可是……"小卓小声申辩道。

"可是什么可是？检查了还错那就是不会！去，把这些错题抄写50遍！我看你下次还错不？"妈妈把小卓关进了卧室。

小卓是个惹人喜爱的孩子，他头脑灵活，热爱阅读，学习成绩也位居班级上游，唯一令父母担心的是，小卓实在太粗心了。每次回家写完作业，落笔就合上作业本，从来都没有认真检查作业的习惯，所以作业总是有些小错误。这天，小卓从学校回来，拿回一张数学试卷。妈妈一看，失分丢分的地方不是孩子不会，而全是因为粗心，甚至还有忘记答题的现象。

第二天，妈妈接到班主任打来的电话，小卓的作业错误率太高，担心这样的情况会持续下去，孩子会形成马虎的习惯，请小卓妈妈晚上陪孩子一同检查作业。

当天晚上，妈妈就开始要求小卓写完作业之后检查。

"儿子，你检查完了吗？"妈妈看到小卓写了不到半个小时的作业就要出门玩，这其中一定有问题。

小卓说："我检查完了，都对。"

妈妈说："你过来，再检查一遍。"

看着那么多作业要检查，小卓开始愁眉苦脸了。为了完成任务，他盯着作业又看了不到五分钟，就告诉妈妈检查完了。

小卓妈妈拿过来一看，勃然大怒，这次小卓还是没有检查出细微的错误。

问题聚焦

小学阶段是学生个体心理发展的关键时期，他们虽然在认知、情感、意志、性格等诸多方面都发生了巨大的变化，但自制力还不强，意志力较差，所以遇事很容易冲动，意志力缺乏自觉性和持久性。这尤其表现在完成作业的过程中，往往在写作业时习惯拖沓、作业虎头蛇尾、不会检查等。

从上述两个案例中，不难看出，孩子存在一些深层次的原因。现在让我们逐条理顺。

（一）孩子作业拖沓成因分析

1. 家庭环境复杂——家长之间的关系不和谐

科学研究表明，原生家庭会影响孩子诸多方面的成长。有些家长之间关系不是很和谐，总是在孩子面前吵架，甚至打闹，这样的家庭氛围、家长关系，会让孩子的心理造成阴影，长此以往，孩子就开始对学习产生厌恶，排斥家长，每当要做作业的时候，孩子就不想做。

2. 作业环境不佳——家长对如何营造良好的学习环境缺乏认知

很多家长不知道如何营造良好的家庭学习环境，他们的一些行为举止不但没有营造出良好的学习环境，还往往起了不好的作用。比如，我们经常可以看到很多家长在孩子学习的时候，出于对孩子的关心，一会儿给孩子送杯水或饮料，一会儿给孩子送些水果，一会儿询问下孩子写作业的进度，一会儿到孩子房间取东西，等等。还有些家长在孩子学习的时候看电视，声音还很大，甚至还有些家长下班后会邀请邻居、同事或朋友到家里来大声地聊天、玩牌和打麻将，全然不顾正在学习的孩子。从案例一的家庭中能够看出，当孩子做作业的时候，妈妈一直在看电视，直到电视剧结束了才开始催促孩子快点睡觉；爸爸则是在卧室里打游戏，直到听到孩子的哭闹声才走出来。所有这些都会干扰孩子的学习注意力，让孩子无法专心学习，造成学习效率低下等问题。

还有很多家庭，没有给孩子提供一个独立的学习场所，或者即使孩子有单独学习的地方，但任意让孩子在客厅餐桌、沙发、地板上写作业，还有，我们发现有不少孩子的房间，玩具、书本摆放得非常凌乱，书桌上摆放了许多与孩子学习无关的物品，而这些物品在孩子学习的时候，随时都会吸引孩子的注意力，严重影响孩子的学习效率。这些影响都会让孩子不想做作业，做作业拖沓。

3. 时间观念不强——学生缺乏对时间做出合理分配的意识

现在的家长越来越能明白家庭教育的重要性，让孩子学会合理分配时间，拥有时间观念，是孩子一生的重要财富。不少小学生家长深有体会，孩子放学回家，不是先做作业，而是打开电视玩一会儿，一点也不担心。当要睡觉时，他们发现孩子正在做作业。这是孩子拖延和缺乏时间观念的一个非常明显的表现。这些孩子不能很好地支配时间，他们大部分时间都在玩，控制不住自己，必须在最后一分钟才想起来做作业。

现实中，许多小学生沉迷于电子游戏。当他们玩游戏时，不能控制他们的游戏时间。他们不知道留多少时间学习合理。一旦他们玩游戏，便什么都不在乎了，把学习拖到最后。

（二）孩子作业马虎、不会检查作业的成因分析

1. 心有余而力不足——孩子没有掌握检查作业的方法

对于小学阶段的学生，家长检查作业，尤其是数学，常用的方法就是使用手机或电脑，在网上寻求答案，或者使用手机对着题目一拍，答案就来。

这显然是一种敷衍的检查方法，家长如此，更何况孩子呢。

首先，在引导孩子检查作业时，不要只注重最后结果，而是要看解题过程和思路。如果孩子的解题思路和过程都没问题，也有自己独立的逻辑思维，只是结果算错了，那么就是孩子的态度问题，并不是他不会做。

其次，孩子检查作业应该是写完一项检查一项，做一门，清一门。如果发现孩子把全部作业积攒起来一起检查，这就预示着检查过程存在敷衍。多门作业集中检查，让孩子有一种"乱花渐欲迷人眼"的错觉，索性就草草了事。

2. 事不关己，高高挂起——孩子缺乏检查作业的意识

据不完全统计，当下小学生家长中，全陪伴式辅导作业占据了58%。何为全陪伴式辅导作业？换言之，就是我们常见的，孩子写一道作业题，家长就检查一遍。尤其是数学作业，孩子做错了，讲一遍，写一遍还不对，再教再写。长此以往，孩子的思路频繁被家长的情绪打断，最后双方都为写作业精疲力竭，学习效率低下。因此在孩子的观念中出现了"我只负责写，家长负责审"的畸形学习关系。

专家支招

针对上述两个案例，如果家长想帮助孩子改掉这些作业方面的坏习惯，就要从细节着手，全方位进行好学习习惯的培养。

（一）打造科学的作业环境——作业时间、地点要固定

从孩子上学开始，就给孩子设定一个地方写作业，或者固定在一个房间，条件不具备的，可以在客厅或卧室固定一个位置，摆好书桌和凳子，给孩子一个固定写作业的地方。固定位置写作业，让孩子产生仪式感、庄严感，这能使孩子产生条件反射，坐到这里就会安静下来，进入学习的状态。决不能让孩子今天在凳子上，明天在茶几上，要不就是趴在床上。更不能今天奶奶家，明天姥姥家。这样使孩子内心浮躁，心沉不下来，养成做事不专心的习惯。孩子放学回到家，也要拟订一个计划。一个家庭有一个家庭的习惯，父母可以根据自家的实际情况，确定孩子回到家，是先做作业，还是吃了饭再做作业。家长有了基本的想法，就与孩子商量确定，让孩子

知道何时是做作业的时间，一旦确定下来，家长与孩子就要坚持。

（二）构建良好的学习氛围

孩子在做作业，爸妈或家里的其他人在看电视、打牌、玩手机等，这样对孩子的学习不利，影响孩子做作业的效率。家长在孩子做作业的时候，也不能只是扮演一个监督者的角色，一会儿过来看看做多少了，一会儿催促孩子，这样孩子注意力放在爸妈身上，影响孩子的专注力。父母的示范和引导，对于孩子的影响是意义深远的。

家长可以在孩子学习的过程中，坐在孩子的不远处阅读书籍或杂志，也可以同样学习或者处理工作事宜。

家长也可选择让孩子独自学习，但是必须保证家庭环境安静。

1. 制订个性化的作业方案

父母引导孩子制订做作业的计划，让孩子梳理要做的作业，预估每门作业所需的时间，一定要发挥孩子的主动性，比如：数学20分钟，语文30分钟等，先把预估的时间记下来。家长不要专制，让孩子自己计划，他就会主动地做。制订计划时，孩子还要知道完成作业之后，还有睡前阅读的时间，9点必须睡觉。不能按时完成作业，就会影响睡前阅读；不能按时睡觉，就会影响明天的学习，让孩子明确了这些，孩子就不敢磨蹭。帮助孩子建立时间观念，孩子就会慢慢地对时间有了概念。如果孩子还是不会把控时间，就需要父母在他完成一门作业后，告诉他时间，这样长此以往，孩子对时间的认识就会越来越清晰了。

2. 避免家长过度干预

家长看到孩子做作业磨蹭就着急，忍不住催促孩子，甚至还要说出很多的大道理，批评、指责孩子。大人的催促，让孩子产生逆反心理，唠叨打乱孩子的节奏，扰乱了孩子的思考，催促的结果是适得其反。父母不能唠叨，尽到提醒的义务就行了，让孩子保持轻松的、放松的、自主的心境。运用以上策略后，当发现孩子有了一点进步，家长一定要及时给予表扬和肯定，这样孩子就会表现得越来越好。多用鼓励的话语："你这次作业完成的时间又缩短了，看来你这次更用心了。""你能独立完成作业，并且检查出很多问题，妈妈为你感到骄傲。""希望你明天也能保持哦！"

学以致用

"我的时间表"

亲爱的孩子，我们很高兴在上周的家庭会议上，你能够接受爸爸妈妈提出的关于你写作业的时间分配问题，并承诺要慢慢改正。

你是一个独立自主的好孩子，爸爸妈妈经过探讨和沟通，决定尊重你的选择，将围棋课程暂停，这样你就不用每天花费一定的时间练习了。

同时，爸爸妈妈也希望你能自己掌握时间，现在请你完成你的时间表，并按时间表规定的时间完成并检查作业。

就像是家庭会议达成的那样，如果每天你的作业全部独立完成并检查无误，爸爸妈妈会为你积累 1 颗星星，如果你能攒够 20 颗星星，爸爸妈妈就满足你的一个愿望。

我们说到做到！

××的时间表

	5：00-6：00	6：00-7：00	7：00-8：00	8：00-9：00	积分
周一					
周二					
周三					
周四					
周五					

××的心愿清单

愿望	是否实现
1.爸爸妈妈带我去动物园。	2020 年 4 月 10 日实现
2.	
3.	
4.	
5.	
6.	
7.	

第16课　增强信心

现场直击

案例一

　　放学后，小浩兴冲冲地跑回家。一到家，就大声嚷嚷："妈妈！妈妈！"妈妈闻声从厨房里跑出来，急切地问道："怎么啦？"小浩高兴地说："今天课堂上黄老师表扬我了！她说我这个单元的语文成绩有进步，还让我继续努力呢！"妈妈听了，欣慰地说："不错哦，不过别骄傲，再接再厉，争取更大的进步。"小浩点了点头，信心十足地说："嗯，我会努力的。"坐在客厅看报纸的爸爸忍不住问道："考了多少分啊？这么兴奋。""我这次的语文考了82分，老师表扬我进步大呢！"浩浩兴高采烈地说。"邻居家的小杨还90分呢，82分就高兴成这样，真没出息！"爸爸不屑地说。一旁的小浩垂头丧气，一声不吭地走进房间做作业去了。

案例二

　　吃过晚饭，妈妈坐在女儿身边，高兴地说："小静，昨天你们班主任打电话给我，说你学习成绩优秀，做事又认真负责，想让你担任班里的纪律委员，专门管理全班的纪律，但是你不愿意做，为什么啊？""没有为什么啊，就是不想做，怕自己做不好，我们班的同学不太听管。"小静小声地回答。"这有什么好怕的，按老师的规定去做就可以了！这有什么难的？"妈妈解释道。"哪有那么容易，管理纪律最容易得罪人，我也做不好。"小静怯怯地说。"有老师呢，你怕什么？有什么问题也可以找老师啊，再说了，这是老师看得起你，你要为自己争气啊！"妈妈极力地说服小静。

问题聚焦

苏格拉底说过："一个人能否有成就，只看他是否具备自尊心与自信心两个条件。"根据心理学理论，儿童在 6 ~ 12 岁时的一个重要发展任务就是勤奋与自信。在这个时间段，家长应该重视、关注孩子的心理状态，给予一定的鼓励和支持，避免孩子的发展任务未完成而出现发展危机——自卑。在以往的教育观念中，有一些传统观点可能不利于增强孩子的信心，从上述两个例子可以发现，孩子和父母在这个阶段都存在一些问题。

一、孩子渴望赞扬

在小学阶段，孩子的理解能力和社会经验有限，大多不能理解学习的意义。孩子的学习动力很大一部分是来自于父母和老师的赞赏，即为了获得赞赏而去学习。所以，有些低年龄段的老师会选用给回答问题或者作业优秀的孩子奖励小红花，用以鼓励孩子努力学习，这就是运用孩子渴望长辈赞扬的心理来鼓励他们学习。然而，中国大部分家长认为表扬孩子容易让他们产生骄傲，因而尽量不表扬孩子甚至在孩子有所进步的时候挑他们的不足或者拿他们与其他孩子对比，打压他们的积极性。案例一中的小浩爸爸就是一个非常典型的例子，在妈妈表扬小浩取得进步之后给孩子泼了一盆冷水，他所用的语言也带有一点攻击性色彩——"真没出息"。小浩爸爸的出发点是好的，他希望小浩在进步的喜悦中也能冷静反思自己的不足，但表达方式并不妥当。最后的结果可能是，一方面打击孩子的积极性和自信心，另一方面使得孩子与自己的关系疏远，当孩子遇到问题时，只会和妈妈说，忽略家庭另外一个成员——爸爸。根据心理学人际吸引的原理，人们更偏向于和经常赞扬自己的人交往。

二、父母不正确的对比与批评

自信是自我评价上的积极态度，是正确认识自己的一种状态。社会心理学有个概念叫"自我意识",通俗地说,就是我对我自己的看法。因为自信实际上就是拥有良好自我意识的体现。首先,"比上不足比下有余"是我们经常听到的一句话,讲的就是全面认识到自己后的一种平常心。我们也可将其看作是自信,同时,我们也可以看到对比确实能增强人的自信。不过,这是以正确的对比为前提。案例一中的小浩爸爸实际上是一种不正确的对比,一是忽略上文所说的孩子心理,二是忽略了事物发展的循序渐进、量变引起质变之规律。我们可以理解小浩爸爸行为的出发点,但不恰当的对比、不当的"激将法"只会打击孩子学习的积极性和自信心,与出发点相差巨大。其次,自我意识的形成与儿童时期周围亲密之人对自己的看法密切相关。如果孩子经常受到家长的肯定与奖赏就容易形成肯定的自我,即我们常说的自信。但如果家人常年给予孩子否定的态度则容易使孩子发展成否定的自我,即我们常说的自卑,严重时还会进一步导致自我分裂,出现相关的心理疾病。在案例一中,小浩爸爸的"没出息"就是对小浩的一种负面看法。如果家长长此以往地打击和批评孩子,最后只会导致孩子形成自卑心理,更容易导致"孩子学习积极性降低—家长批评—孩子学习积极性再降低—家长再批评"的恶性循环。

三、忽略孩子的心理感受和自我认知

首先,很多家长会像案例二中的小静妈妈一样,否定孩子的情绪,以自己的标准强加于孩子身上。父母要明白不同环境下成长的孩子,其拥有的经历体验以及价值判断是不一样的。小静在这个成长阶段接触最多的人除了父母以外就是自己的同学,同龄人对自己的态度和看法对孩子来说往往非常重要。所以,从小静的角度出发,成为纪律委员这件事是一个两难的困境。但从小静妈妈的角度看,成为纪律委员意味着老师的认可,而老师的认可比什么都重要,此时,小静焦虑的情绪被忽略了。其次,也是案例中的重点,小静提到了"怕自己做不好",但老师和小静妈妈都认为小静是个很优秀的小孩。但小静妈妈在忽视、否定小静心理感受的同时,也忽视了一个问题,正如上文所说,自信是对自己认知全面、不轻易否定自己。小静妈妈没有关注到这个问题并且一味地从自己即家长的角度来解释成为纪律委员是很简单的,虽说小静妈妈是想增强孩子的信心,劝孩子尝试担

任纪律委员，但是这样的做法容易导致另外一些问题的出现：一是没有让孩子全面认识自己，了解孩子的自身能力，最后也没有增强自己的信心；二是会让孩子认为，父母根本不理解自己，从而产生隔阂；三是父母否定孩子的情绪，可能会导致孩子出现自己也否定自己的情绪，这不利于孩子的心理健康发展。

专家支招

要培养孩子的信心，首先要相信孩子的潜能，理解、尊重孩子的想法和感受，并及时地给予孩子鼓励和支持，帮助他们全面地看待自己。

一、积极鼓励孩子，肯定孩子的进步

正如上文所说的，孩子周围亲密之人的看法对孩子自我意识的形成非常重要。有时候家长对孩子有什么样的看法，孩子就会成为什么样的人。所以，家长在日常生活中要积极地鼓励孩子，肯定孩子的进步，相信孩子的潜能，不能轻易否定孩子，更不能轻易给孩子打上"没出息""没用"等一系列负面的标签，打击孩子的自信心会影响孩子健康成长。不过，这并不代表着对孩子的教育只能鼓励和肯定，当孩子犯错时，也要客观、理性地和孩子反馈与分析。

二、不否定孩子的情绪体验

要想帮助孩子正确、全面地认识自己，增强孩子的信心，首先就要营造一个良好的沟通氛围。这个氛围的营造要求父母在了解孩子心理的基础上，尊重孩子的想法，肯定孩子的情绪体验，以承认这种情绪存在的合理性。无论是积极的情绪体验抑或是消极的情绪体验，创造一个能让孩子获得情感支持的环境，并说出真实想法。唯有如此，父母才能找到孩子自身认知不足的地方，才能对症下药。而不是直接否定孩子的情绪体验，让孩子被动失声，亲手阻断和孩子沟通的渠道。

三、帮助孩子全面认识自己

孩子看问题的角度往往非常单一的，很容易发生对自己认知不全面的

情况，有时是以钻牛角尖的形式表现出来，比如孩子很有可能只是因为解不出一道数学题而情绪失落，就认为自己没有能力学数学。所以，父母的帮助和引导是十分重要的。父母需要帮助孩子分析自身存在的优点和缺点，在用成年人角度进行分析的同时，也要回归孩子的日常生活，从孩子的角度进行分析。

四、减少不恰当的对比，发现闪光点，树立自信

父母不恰当的对比，往往也是导致孩子不能全面认识自己的原因之一。不恰当的对比不仅打击孩子的自信心，还会使孩子产生错误的比较心理。例如在案例一当中，小浩可能只会和比自己更优秀的人做比较，看不到自己的发光点，所谓"人外有人"。盲目的比较只会让孩子最后陷入"比较—自卑—再比较—再自卑"的循环当中，自信心更是无从谈起。合理的对比，不仅仅要向上看，更要向下看，与更优秀的人进行合理的对比，能产生追求更高目标的动力。社会心理学的相关理论也证实了，向下对比能使人保持心理平衡，避免自信心的降低和嫉妒心的上升，合理对比才能让孩子全面认识自己，找到自己在群体中的价值和位置。所以，将自己的孩子与其他孩子进行对比时，不仅要向上对比，也要向下对比，并且要把握好对比的度，才能促进孩子健康成长。当然，我们更要鼓励家长根据孩子的实际情况，将不同时间段的孩子作为对比对象，这个方法能让孩子更清楚地认识到自己的进步与不足。

学以致用

父母是孩子成长过程中的参与者而不是主导者，要及时放手，给予孩子自己动手的空间，能使孩子有成就感。成就感是增强孩子自信心的一个重要因素。可以尝试让孩子自己完成一些日常的小事，如收拾房间、叠被子、洗衣服等。在孩子很好地完成任务之后，父母可以及时地给予他们相应的鼓励和肯定。一是能让孩子有成就感，有利于增强自信心，二是能培养孩子独立的精神。

信心记录卡			
完成事项			
信心收获			
孩子评价：一般□　　　良好□□　　　优秀□□□			孩子签名：
父母评价：一般□　　　良好□□　　　优秀□□□			父母签名：

第17课　培养专注

现场直击

案例一

饭后，文文坐在茶几前，兴致勃勃地摆弄着新买的超轻黏土，只见他小心翼翼地把黏土拉伸、折叠、再拉伸、再折叠，反复几次，一个有着相同色彩的黏土就变成条纹状了。接着他又将黏土揉成一个椭圆形，把两个手掌合在一起，将椭圆形的黏土夹在手掌之间反复揉搓。就这样又拍又搓又压，终于捏出了一座小城堡。

"宝贝，来，先吃块雪梨，你昨晚有点咳嗽了，吃点雪梨润润肺……"奶奶一边往文文嘴里塞雪梨一边不断地念叨。

文文吃完雪梨，又细心地给城堡做起各种装饰。

"哎呀，玩的时候注意点，小心别弄得到处都是。"看着地上散落的一些黏土，妈妈冲过去，把文文拉起来，边清理地上的黏土，边抱怨道。

文文惦记着自己的城堡，显得心不在焉，妈妈不满地说："文文你到底有没有在听妈妈说话！"

"文文，爷爷跟你讲，房子一定要有窗户的，否则人待在里面多难受啊。来，爷爷教你怎么开扇窗户。"说着，老人家不等文文同意，就开始动手帮忙。

"我就要这样，不要留窗户嘛！"文文大声抗议。

"你这个孩子怎么跟爷爷说话呢！太没礼貌了。快开一扇窗户。"妈妈批评道。

文文满脸不愿意地配合爷爷开窗户。过了一会儿，妈妈又拿着一件外套过来，催促道："快、快，今天很冷，快加件衣服再玩。"

文文只好把衣服穿上，但他的兴致远远不如刚才了。

案例二

今天是星期天，作业已完成，难得一整天在家，五年级的晴晴想要好好地练书法，去参加学校的"规范汉字书写大赛"。写毛笔字需要一个较大的空间，所以吃过早餐，她便把纸、笔、墨在餐厅的桌子上放好。

润好毛笔，垫好毛毡，铺好纸张，晴晴开始练字了，看着一个个汉字跃然纸上，晴晴的眼睛闪着光，脸上带着微笑，无比满足的样子。

可就在这时，妈妈回来了，还带回来几个朋友要在家做点心，烤面包。

"晴晴，快！把桌子收一下，我们一起来做点心。"妈妈一边放下手中的东西一边催促。

"可是，我不喜欢做点心……"晴晴看着写了一半的字小声抗议。

"快点啊，别磨蹭了！"妈妈打断晴晴的话，并动手把写字纸随手放到旁边的凳子上去了。

晴晴只好收拾好写字用具，腾出餐桌，不情不愿地跟着妈妈搓了几个圆面团，又试着捏了几个小笼包，可是却是软趴趴的，毫无美感，她对这些东西实在提不起兴趣，她的脑子里还惦记着她的字呢！而且，妈妈和阿姨们的笑声太大了，令她觉得厌烦，所以她又拍了拍手上的面粉，跑到客厅看电视去了。

"这孩子，真是做什么都没常性！"她听到妈妈不开心地嘟囔了一句。

案例三

"小美，已经九点钟啦，要睡觉啦。"妈妈对着小美房间的方向提醒了一句接着刷手机。

"呜呜呜……哈哈哈……嘻嘻嘻……"小美正看得起劲，完全沉浸在动画片中，时而皱着眉头，时面哈哈大笑，对妈妈的提醒充耳不闻。

过了半个小时，妈妈又喊了一声，见小美没有回应，打开门一看，小

美一手捧着饮料一手捧着 iPad 仍在津津有味地看电视呢。

妈妈提高音量："小美，赶紧睡觉，明天还要上学呢！"

"哦，好的。"小美嘴上回应着，但仍然没动，动画片正是最精彩的时候呢。

见妈妈没出声，小美撒娇道："妈妈，很快就看完了，我看完这一集就睡觉好吗？"

妈妈看着小美可怜兮兮的样儿，不忍心拒绝："那看完就要睡觉了哦。"说完妈妈带上门出去了。

时针指向十点，妈妈看到小美房间里还透出灯光，里面传来电视的声音，无名火"噌"的一下蹿了上来："几点了，还不睡觉！整天只顾着看电视，现在眼睛近视了，还不知道怕？老师也打电话来说你上课不精神，学习不专注，赶紧刷牙睡觉！"妈妈越说越气，愤怒地收走了 iPad。

小美匆匆洗漱完，躺在床上翻来覆去睡不着，脑子里一边想着动画片一边担心着明天的课程。

问题聚焦

专注是指孩子能按自己制定的目标，调整自己的情绪和行为，能够一直认真积极地投入活动过程的一种注意品质。对于孩子来说，专注力是他们成长道路上绝对不能被忽视的一项重要能力，也是获取信息、学习知识和技能的根本手段。然而我们常常会碰到这样的情况：有的孩子在玩耍、学习的时候能聚精会神，不会被外界的响动所干扰，而有的孩子却会很容易因外界刺激而分心，难以保持注意力集中。从上面的几个案例中我们不难看出，孩子注意力不集中主要有以下几方面的原因。

一、对孩子呵护过度、无关刺激干扰过多

案例一中，文文用超轻黏土做城堡是非常专注的，可是奶奶时不时塞进嘴里水果的干扰、妈妈送上衣服的打断以及爷爷不由分说的强硬介入，都影响了孩子的注意力，导致孩子不再有兴趣玩超轻黏土。在现实生活中，

也经常会出现这样的情况：孩子在玩耍的过程中，家长不断以关心孩子为由，为孩子送吃的送喝的、怕孩子冷怕孩子累，其实是在打断、干扰孩子，这样的举动是对孩子的不信任，让孩子无法专注做自己想做的事情，久而久之，就会让孩子的注意力变得涣散，无法专注在同一件事上。

家庭对孩子呵护过度，任何事情都帮孩子代劳，会使孩子意志力不强，也就不可能集中精力。就像科学家在做科学实验、进行计算时，就必须集中全部的注意力。所以，如果家长过分地呵护孩子，就难以培养出孩子持久的注意力。

二、孩子看电视、玩游戏过多

当孩子沉溺于看电视、玩游戏时，他的注意范围就会相应缩小，因而对其他事物的注意力就相应下降。我们知道，电视节目的特点就是故事情节生动夸张，画面生动活泼，孩子们大都喜欢。案例中的小美对电视太入迷了，而妈妈对小美看电视时间的长短没有规定，一味地任由孩子看电视，然而被动画片吸引的孩子根本没有时间观念，她会无休止地看下去。而妈妈对孩子的教育是拖延式加情绪化的，在通过粗暴的手段终止看动画片后，妈妈也没有进行后继教育，以至于孩子学习上注意力不集中的问题并没有得到解决。

看电视虽然也能增进孩子的知识，拓宽孩子的视野，但是对于孩子来说完全是被动的学习，没有互动，也没有对答，这样不利于孩子创造性思维的培养，语言能力也容易发展迟滞。有研究表明，小时候看电视越多的孩子，到了上学的时候，注意力不集中的比例越大。

三、注意的目标和兴趣缺乏

我们知道，孩子专注力的建立，往往都是从他沉迷于感兴趣的事件中开始的，家长要懂得尊重孩子的这种"沉迷"。案例二中晴晴对书法特别感兴趣时，妈妈却以要做点心为由，无视孩子的喜好，不仅限制、阻止晴晴练书法，还一味地要求晴晴按照妈妈的喜好，强迫孩子做自己不喜欢、没有兴趣做的点心。

在现实生活中，也会有家长为了让孩子专心学习，扼杀了孩子的许多兴趣点，甚至粗暴地没收孩子的电子产品、玩具等，认为是这些东西让孩子"分心"，只要远离了这些，孩子自然可以专心致志地做一些家长认为有益的事情。然而事实却告诉家长，兴趣被剥夺的孩子往往更加精神萎靡，做事心不在焉。表现在作业上，会出现作业不多孩子却要花上几个小时才能完成的情况。其实，只要我们将心比心，就会理解做感兴趣的事情是孩子最大的期待，有期待才会心情愉悦，有期待才会做事积极，如果我们只以大人的眼光狭隘地去看事情的有益与无益，生硬地剥夺了孩子的期待，那孩子做什么事都会无精打采。

四、发育程度不同也会影响注意的持久性

小学阶段的孩子，由于大脑发育不完善，神经系统兴奋和抑制过程的发展也不平衡，因此自制能力差。家长们需要知道，孩子注意力的集中程度是会随着年龄的增长而增长的。每个孩子发育程度也不尽相同，有的孩子快一些，有的孩子慢一些。不同年龄段的人，注意力能集中的时间也是不一样的，5 ~ 6 岁的孩子，注意力集中的时间约为 10 ~ 15 分钟，7 ~ 10 岁的孩子，注意力集中的时间约为 15 ~ 20 分钟，10 ~ 12 岁的孩子，注意力集中的时间约为 25 ~ 30 分钟。

当然，孩子注意力容易分散还有可能是由其他因素造成的，如身体不舒服、睡眠不足、感觉统合失调等。

专家支招

专注力是孩子生活、学习的基本能力，孩子做事、学习最大的"敌人"就是不能集中注意力，而孩子一旦养成注意力不集中的习惯，学习效率自然也就不会高。相反，善于集中注意力的孩子学习起来不仅省力，效率高，效果也比较好。作为家长，我们可以从以下几个方面着手。

一、在玩耍中培养孩子的专注力

孩子成长过程中不可缺少的活动是玩游戏。家长在这一过程中若是引导得好，可以成为益智的有效活动。在和孩子玩游戏的过程中要注意培养

孩子的专注力、记忆力、观察力、想象力和思维能力，孩子不能为玩而玩。反之则可能就让孩子养成走马观花，浅尝辄止，或心猿意马、浮躁不羁的坏习惯，所以培养良好的行为习惯可以从孩子最喜欢的玩耍活动开始。

比如：孩子想去植物园玩，家长不要立即答应下来，而要对他提出相应的要求：现在可以通过上网浏览、查看书籍等方式多看看各种植物的图片，熟悉植物的相关信息特点，等周末放假的时候再去。这样，孩子在不知不觉中掌握了许多的知识，在进植物园后会更专注地多看、多听、多记，以解惑他不知道的一些问题。

二、在良好的学习习惯中培养专注力

在家中，父母可以让孩子每天定时坐到自己固定的位置上听故事、识字、阅读、画画、做手工……同时应要求孩子学习时要学得认真，比如字写得工整、爱想爱问等，家长监督孩子时应认真严肃但不强势、不打压，秉持着无条件爱孩子的原则，认真地帮助孩子，与孩子一起平等耐心地讨论问题，以此培养孩子对知识学习的兴趣，促进孩子行为习惯的良性循环。实际上，也只有激发孩子浓厚的学习兴趣，才能提高孩子的专注力。

三、共同商定小目标，强化专注力的提升

家长可以与孩子共同商定目标，采用"小步子策略"，与孩子一起制定一些力所能及的小目标，以促进孩子提高专注力，完成任务或目标。如复述发生过的事情或听过的故事，或绘画、写字、下棋等，把较长时间的注意力集中在一种活动中，在寓教于乐中让孩子不自觉地把事情很好地完成。

与此同时家长也应注意制定规则，如有必要，也可以采取一定的强制措施，以达到保持专注力提升的效果。如有些孩子没有离开桌子就去打开电视，或是一边看电视一边做作业等行为，家长就要及时进行制止，以强化孩子的规则意识，不能因为孩子吵闹撒娇而迁就。制止是严格的，但制止的方式可以是一个眼色，一个微笑，或者摇头，切不可随意滥用惩罚的手段。

四、用自身良好专注的形象潜移默化地影响孩子

父母是孩子最好的老师，每一个家长都要有一颗温柔、善良、慈爱的心。对孩子要动之以情、晓之以理，为孩子的成长做出良好的榜样。我们应认识到父母的情感与行为是培育孩子具有良好情感和行为的教育手段。既然要帮助孩子提高专注力，家长自身也需要有足够的耐心与意志，把握好分寸与尺度，注意不要对孩子造成心理压力，不能只讲规则不讲爱，也不能只要爱抚不要认真严格要求。

五、用积极评价巩固孩子的专注力

当孩子学会默默学习时，要赞美，有一点进步都要及时给予肯定，要经常让孩子享受成功的喜悦。还可以发送一份意想不到的小奖励，给孩子一个意想不到的惊喜。总之，父母要时时处处为孩子着想，巧妙地保护孩子的自尊，绝对不能在孩子面前告诉别人他不专心、坐不住等缺点，相反，我们要在其他孩子父母面前讨论孩子的进步，有意识地让孩子听到表扬的话，这样积极的提示，会让孩子加快向好的方面发展。

六、营造良好专注的环境氛围

良好的环境，可以有效避免分散孩子的注意力。所以家长应该尽量给孩子创造一个安静、整洁、有序的环境，在这样的环境中学习玩耍是培养孩子专注力最好的方法。孩子不被周围各种各样的颜色、嘈杂热闹的声音所吸引而分散注意力，做事情自然就会更加专注。

良好的专注环境氛围应从物理环境与心理环境入手。有效地训练专注力需要无过多噪声的环境，也需要孩子放松投入的心理。家长有时倾向于关注孩子的困境，而忽略倾听孩子的内心需求，体会孩子的情绪感受。作为家长要以一种民主、平等的方式与孩子讨论问题，尊重孩子的意愿，对孩子做到"不评判、不干涉、不偏执"。这样，亲子沟通的质量才会稳步提升，家庭环境和氛围才会更加融洽、和谐。

总之，培养孩子的专注力是非常重要的，能够集中精力促进孩子的成长和发展是至关重要的，父母应有耐心、有恒心，讲究方法，坚持训练：

一戒急躁，二戒时紧时松，三戒枯燥无味，让孩子安下心来专心学习和做事。

学以致用

定时定点训练专注力，专注力提升活动推荐。

活动	活动基本要求
阅读	1. 安排固定的时间和孩子一起进入美妙的阅读时光，专注时间可以先从 10 分钟开始，慢慢延长。 2. 父母可以提前用心读一读，感受书中的乐趣，再跟孩子一起阅读，一起讨论。
手工	1. 一起做手工的过程中须注意孩子的安全。 2. 父母不要过多干涉，让孩子充分发挥创造力；当孩子求助时，父母可以结合孩子的年龄适当提供一些帮助和引导。 3. 父母在旁边要多鼓励与赞扬，从而增加孩子的自我效能感。
绘画	1. 家长要尊重孩子，不要在旁边频繁评价，对孩子造成压力或干扰。 2. 家长可以根据环境、季节的变化，来引导孩子观察环境、体验生活，增加创作的乐趣。 3. 切忌以成人的眼光评论孩子的作品，要保护孩子的想象力与创造力，尽力营造温暖的家庭氛围。
……	……

第18课　错题归类

案例一

王小红考取了大学，在教过她的小学老师的眼里这是一件非常了不起的事。

小红上小学一年级时，考试成绩常在 70 ~ 80 分之间，老师常说她笨。一次，老师找到她母亲说："王小红学习成绩不好，目前在班上排在倒数第二。你在家里要教教她，同时要给她点压力。现在是一年级成绩就这个样子，将来怎么办？"母亲是听在耳里，急在心里。从此，每天晚上教小红读书，常问有没有考试，一旦考的成绩不理想，就大骂一通，有时还打几下，常下达要考 90 分的指标。就这样，在唠叨和打骂中度过了一年多，小红的成绩还是不见好转，由倒数第二变成了倒数第一。

到了三年级，在一次家长会上听老师讲，家长也要鼓励孩子，要让孩子养成错题归类的好习惯。小红的母亲就试着让孩子能够学会错题归类，学会学习。三年级的第一次考试小红的考分是班上倒数第二，母亲知道了没有像以前那样责怪她，而是安慰她说："这次考试你有了进步，是妈妈的好孩子，你只要努力，是一定能学好的。这次语文考了 68 分，下次能考 69、70 分呢；数学考了 62 分，下次考 63 分是有希望的。"小红本想今天又是一顿训，想不到母亲没有这样做。这天，小红非常开心，在梦中也留下了快乐的笑声。第二次的考试成绩下来了，小红语文考了 70 分，数学考了 63 分，母亲特地多买了一些菜为她祝贺，为她加油鼓励，小红流下了快乐的泪水。此后，母亲给她一分一分的目标，她也一分一分地进步。小红不仅学习进步了，而且充满了快乐。有了自信，就有了学习的勇气和激情，有了自己可以努力实现的目标，也有了努力学习的动力，小学毕业时已是班上的中等生了。

上了中学后，母亲常对她说："不要与同学比，要与自己的过去比，要看自己的进步，哪怕是半分都是伟大的。只要努力，一定会有进步的。"小红在母亲的教育下，一步一步地提升成绩。当收到大学本科的录取通知书时，母女俩都流下了喜悦的眼泪。

案例二

宁宁是小学二年级的一名学生，聪明伶俐，乖巧可爱，可就是学习成绩不理想。尤其是在写作业这件事上，简直让妈妈操碎了心。每次宁宁写作业时，都会匆匆忙忙地将作业写完，不管对错，直接将文具往桌子上一扔，然后一溜烟跑到电视机前看电视或者是跑出去玩。每次宁宁离开后，妈妈都会一边生气地指责孩子不懂规矩，一边又习惯性地将散乱在书桌上的书本和文具收拾好。不仅如此，宁宁妈妈还会将他的作业从头至尾检查一遍，如果有错误的地方，就勾画出来，等宁宁回来以后让他改正。对于妈妈指出的错误，宁宁每次想都不想，也不问为什么错了，拿过来就直接改。而改过的作业要是让他再重做一次还是错误不断。

问题聚焦

案例一中妈妈给孩子进行必要的鼓励和启发，让孩子通过思考学会自己检查错误，自己改正错误，如果孩子自己不能独立完成，再进行讲解，让孩子学会如何思考。

案例二中的妈妈在孩子的学习道路上，总是充当着坚实的后盾。只要孩子需要，就会随时出现，竭尽全力地给予孩子帮助和支持。但是妈妈有没有想过，你的大包大揽很可能会阻碍孩子自身能力的发展，尤其是当孩子需要独自处理事情或是应对困难时，就会变得胆小、懦弱、以自我为中心。所以从现在起，你要试着做一个"狠心妈妈"，改掉帮孩子包办的习惯。让孩子学会自己找出错误，自己去改正错误。当孩子遇到困难时，妈妈应该学会放手，教孩子怎么做，而不是帮孩子做什么，这样孩子才能学会独立思考，独立面对困难，慢慢地独立起来。

如果您也像上面的家长那样，不耐烦地给孩子做出来，孩子就会养成依赖别人的习惯，只要见到稍难做一点的题目，就会叫家长来帮忙。这怎么能让孩子学会动脑筋呢？

专家支招

做错题是孩子们在学习中经常遇到的问题。如看错题目，画错图形，抄错数据，遗漏单位，失落答案等，这都是最棘手的问题。原因究竟何在？首先可能是教师传授知识的方法与孩子认知的矛盾，作业要求不规范等；其次是孩子粗心或听课不认真，对知识理解不透彻，学得不扎实；最后或许是做题步骤不规范，审题失误等。面对孩子写作业中出现的种种错题现象，那父母应该如何引导孩子有效地防止和纠正错题呢？

一、帮助孩子解决因为粗心而出现的错题

1. 帮助孩子找到"粗心点"

面对孩子的粗心，与其批评孩子、给孩子上一堂"指责课"，不如具体地帮助他们找到问题的症结所在，采用正确的方法帮助孩子解决问题。例如有个孩子数学成绩不是很好，经过父母和孩子仔细分析每次出错的原因，得出一致的结论：不是不会做，而是每次都会把题目看错。于是，父母可以告诉他："你粗心的原因是每到审题时，你的思维就滑过去了。怎么办呢？以后你每次做题时，遇到不明白的地方，先停下来，闭上眼睛数三个数，然后再往下读题，这样就不容易错了。因为你没让思维滑过去，而是有意识地给它设了一个障碍。"这个孩子用父母教他的方法去做，效果真的很明显，他的作业中因为粗心出现的错误少多了。

父母要求孩子把检查作业的目标缩小，孩子检查作业的积极性就会增加。如果 10 道题有 3 道题是错的，我们叫孩子检查，他可能觉得有难度，积极性也不高。那么我们可以把孩子检查作业的目标缩小，如圈出 3 道题，告诉孩子这里面有一道题是错的，这时孩子主动寻找错误的积极性和更正错误的准确率就会提高。如此这般，你再圈出 3 ~ 4 道题告诉孩子其中有一道是错的，他前面检查出一道题有了一点自信和成功感，就更愿意去检查第二道错误的题，那 3 道做错的题就会被孩子快乐、迅速地找出来。

　　2. 让孩子建立一本错题集，收集相关的错题信息

　　英国心理学家贝恩布里奇说："错误人皆有之，作为父母不利用是不可原谅的。"写作业出错是孩子不可避免的一种行为。开学初，每个父母都应该为孩子准备一个错题收集本。错题集分两栏：病因和诊治方案。就像医生把脉和开处方一样：病因一栏，让孩子摘录平时自己典型的错题；诊治方案一栏，让孩子反思错误原因。建立错题集就是要求孩子自主订正错题、收集错题、分析错因，提高学习效率。利用错题集，可改动错题相关数据信息，让孩子反复练习，归纳、整理错例，把错例"变废为宝"，督促孩子防患于未然。

　　每周父母可以给孩子一节课的时间，让他们把平时收集自己做错的题目展示出来，重新做一次。这样坚持下来，孩子犯同类型错误的次数就会明显减少。

　　3. 把孩子做功课的时间化成"功课量"

　　教育孩子做什么事都应谨慎对待，聚精会神，不能心不在焉。李大钊先生说："要学就学个踏实，要玩就玩个痛快。"

　　有个孩子的作业经常做错、符号看错，甚至剩下几道题漏做就交卷了，弄得老师也为她着急、紧张。可气的是怎么提醒她细心都没用。据老师观察，她粗心的原因和大多数孩子一样，没把心思放在课堂上，同学们刚回答过的问题，让她回答，她都回答不上来。她妈妈规定她做 30 分钟作业，她就在那儿磨蹭。你要是嘱咐她"再做 20 分钟去玩"，20 分钟她仅做了两道题，有时还都是错的。老师告诉她妈妈，把督促她学习的时间改为"再

做 5 道题才能玩，要保质保量才行"，结果她 5 道题都做对了，而且只用了 20 分钟。她妈妈非常高兴，说老师帮她找到了纠正女儿作业粗心的诀窍：化时为量，即把"再做 20 分钟"，改为"再做 5 题"。这样，孩子的劲儿就来了，这种积极状态能帮助孩子集中注意力，不知不觉中克服了粗心的毛病。

4. 对孩子的作业要求格式规范、字迹工整，可有效减少错题

父母对作业要求不规范，也是造成孩子错题的一个原因。例如做数学题时有些孩子会把 0 写作 6 了。为了有效减少错题，父母必须要求孩子写作业字迹工整，格式规范，防止字迹潦草带来的干扰性错误。小学生的知觉比较随意，知觉产生干扰也会造成错误。

5. 培养孩子整齐有序的学习、生活习惯

孩子粗心的毛病不是一天养成的。如果孩子从小就生活在一个无序的家庭中，没有一定的作息时间、没有一个良好的生活习惯，那么孩子做事丢三落四、马马虎虎就会成为"家常便饭"。所以家长要和教师经常沟通，引导孩子养成整齐有序的生活习惯。生活上，让孩子养成保管自己物品的好习惯；学习上，要培养孩子定期整理书柜、清理书包，当天的作业当天完成、做完作业要检查、课前要预习、课后要复习等好习惯。生活、学习都整齐有序地进行，粗心大意、马马虎虎现象就会减少。

二、帮助孩子克服因为上课不认真，注意力不稳定，没有掌握做题方法而造成的错题

有部分学生在上课的时候，总会有几次走神，特别是在数学课上，自己也暗示自己，可有时还是控制不住，该怎么办？

1. 父母应培养孩子专心一致的注意力

要想充分抓住孩子的注意力，提高学习效率，有效的办法是变换活动内容和形式，让枯燥无味的知识融入实际生活中。

2. 严格要求，约束孩子的行为，集中注意力

父母要培养孩子认真听讲的好习惯，要求孩子写作业时要做到"三到"，

即："眼到、耳到、心到"。孩子学习注意力集中了，写作业开小差、走神的毛病就会明显减少。

三、帮助孩子克服审题难、理解不了题意造成的错题

1. 能力可以培养，态度决定一切

审题作为一种学习能力是可以培养的。父母要培养孩子的审题能力，让孩子懂得审题的关键是寻找"题意"，还要养成积极主动的审题习惯。

2. 让孩子圈出重点词，反复推敲，诱发对题意的深思

父母可以从语言文字着手，圈出重点词，反复推敲，教会孩子认真读题、审题，这是帮助孩子纠错的一个最常见、最有效的方法。如：爸爸今年 36 岁，是小明年龄的 3 倍多 6 岁，小明今年多少岁？刚开始做这道题目，多数同学做成：$36 \div 3 + 6 = 18$（岁），这些孩子是看到题目里面有个"多"就用加法做。做这类题目父母要坚持让孩子圈出重点词，先让孩子理清题意，弄明白这个"多"是比小明的 3 倍还多 6 岁的意思，应该先用爸爸的年龄减 6，才是小明的 3 倍，正确的做法是：$(36 – 6) \div 3 = 10$（岁）。由此可见只有在审题时反复推敲，才能扫清审题中的障碍，对题目的意思才能有更深层次的思考。

学以致用

◆制定错题归类纠正本

孩子做错题是经常发生的事，从纠正错误入手也是辅导孩子学习的好方式。父母可以给孩子准备几个专用本子（按科目分类，例如语文错题归类纠正本、数学错题归类纠正本、英语错题归类纠正本），再和孩子一起给它取个名字，"错题库""坏人国"都是不错的选择。首先孩子每次作业或考试出现错误，就让孩子在专用的本子上将题目抄下，然后按正确的方法重做一遍。然后分析错误原因，是不会审题，还是粗心大意；是没有掌握这部分内容，还是不会正确分析。最后，用红笔将错误的类型醒目标出。过一段时间，父母还可以与孩子一起整理错题，并将错误的类型汇总，

看一看哪一部分题目错得最多，哪种错误原因最为常见。这样父母和孩子都会对他的学习状况有一个清楚的了解。从这里入手，父母就可以有的放矢地辅导孩子了。

◆学会发现错题，检查错题

经过一段时间妈妈和孩子一起检查作业的训练，孩子有了一定的基础，父母就可以教给孩子以下几种独立检查作业的方法。

正向检查法。孩子写完作业后，父母要引导他从头到尾检查一遍。检查时要明确是否看清楚题目，是否理解了题意，运用的概念、公式是否正确，计算有没有错误，格式、书写是否符合要求等。

反向检查法。即反过来检查一遍，从答案处往回推理检查，用相反的计算方式来验算，比如加法用减法验算、乘法用除法验算等。一旦孩子熟练掌握了这些检查方法，就会得到"自己能找到错误和纠正错误"的乐趣，学习的自信心也会不断建立。

第 19 课　合理期望

现场直击

案例一

"怎么又考这么点分！养你长大不是用来气我的！"小红妈妈拿着小红的试卷又发火了，"你可是从小到大都考一百分的呀，上次没考好就算了，你看看现在，这是要气死我呀！学习千万不敢不认真……"小红只是站在一旁，流下了委屈的泪水，上次考试发挥不好，妈妈也是这么一套说辞，还让自己抄了三十遍错题，今天可怎么办呀……看到小红流泪的样子，小红妈妈更火大了，抡圆了巴掌就朝小红打去……

案例二

放学了，小明刚刚跑进家门就急着找妈妈："妈妈，给我买双篮球鞋吧！"妈妈听了之后很诧异："怎么了宝贝，上个月不是刚刚才买了新鞋吗，怎么又要买鞋了。""不是啦，是因为小刚！"小明说道，"他看见我的鞋子特别不服气，今天上学他穿了一双詹姆斯的联名球鞋呢。大家都可羡慕他了，一下课就围着他转……我要买一双比他更贵的，超过他！"

案例三

小丽和妈妈一起在公园里散步，正好碰到了邻居黄阿姨。互相打了招呼后，黄阿姨问："小丽这次语文考得怎么样呀？我家小美这次才考了九十分，真遗憾。"小丽妈妈知道小丽的语文成绩是七十分，不好意思说出口，便说："还行吧，她也就考了一百分。"黄阿姨看见自己女儿成绩占不了小丽上风，又开口说道："哎呀，最近小美学钢琴，文化课是有点儿耽误了，不过她现在也要考完五级了，以后语文成绩能补回来。"回到家，小丽妈妈要求小丽也去学一件乐器，还一定要找得过奖的老师来教！小丽虽然不情愿，但也不能拒绝。

问题聚焦

一、家长对孩子成绩的期望过高

成绩是刚进入小学的孩子们要面对的第一个重要话题。每位家长都是望子成龙、望女成凤，希望自己的孩子能处处优秀，因此对孩子的学习成绩抱有很大的期望。在这一方面，大多数家长都像案例一中的小红妈妈一样，只记得问孩子成绩，一旦考得不在自己的标准内，便会批评孩子，甚至打骂孩子来使他们记住错误不要再犯。可父母根本不知道也不去了解孩子成绩有高有低的真正原因。这就是家长对孩子的成绩期望过高产生了现实与幻想的落差所导致的。长此以往，容易使得孩子经常感到委屈，自尊心受伤害。

二、孩子之间盲目攀比

随着年龄的增加，孩子逐渐认识物品的价值。小学生正处于心性逐渐成熟的时期，心理发展中的群体意识与自我意识正处于矛盾交织的起始阶段，当一个孩子没有足够好的角色认同和安全感时，孩子的自尊、对他人的同理心和信任感都会逐渐丧失。为了引起同龄孩子的注意力，孩子们之间的攀比就出现了。案例二中的小明将自己的名牌鞋与同学进行攀比，甚至继续要求父母买更新的更贵的鞋，如此一味地追求高档、名牌，这就成了错误。小学生对物质的需求并不如成年人，但是一旦养成过高的物质期望，那就会造成攀比与虚荣的出现。

三、家长之间盲目攀比

家长之间盲目的攀比是一种通病。案例三中的小丽母亲正是这样一个人，遇到黄阿姨时，不仅为了自己的面子在小丽的成绩上撒谎，还要求小丽在学业的压力下学一门可能并未算得上孩子爱好的乐器，只是为了自己在与别人聊天时能炫耀一把。这样的行为不可取，必然会伤害到孩子。孩子的教育不应该成为家长攀比的战场。家长之间相互比较，表面看是为了争强好胜，实际上还是为了满足家长本身自恋的需要，这些也容易引发孩子的攀比心。

专家支招

每个孩子都是独一无二的，都有自己的闪光点，作为家长，不应该只片面关注孩子的成绩，而要看到孩子的全面发展。

一、正确对待孩子的学习成绩

1. 将关注成绩改为关注学习习惯

小学是态度、行为习惯养成的重要时期，成绩虽然也重要，但是身为家长，更多的要关注孩子的学习态度、行为习惯的培养。如果孩子对学习有求知欲望，能够自行探索学习中的事物，具备对学习的动力，那这样的孩子学习都不会太差。如果孩子学习成绩比较差，就应关注到背后的学习态度及行为习惯。只有分析原因，对症下药，才能促使孩子进步。从细节入手，帮孩子具体分析如何能取得更好的成绩才是家长应当尽到的责任。可以加上适当的挫折教育，让孩子意识到自己不努力，有可能就会失去自己原来觉得理所当然的很多东西，让孩子增加一点适当的好胜心。

2. 发展孩子的兴趣爱好

现在很多家长都在为孩子的成绩焦虑，孩子每天写完学校的作业，基本就没有什么业余爱好的时间了；好容易到了周末，有些孩子因为成绩不理想又被父母送至各种补习班。兴趣爱好是让人受益终身的精神财富，也是孩子进行合理宣泄的途径。因此，家长应该发展孩子的兴趣爱好，而不是将学习成绩变成"唯一"。同时，在选择兴趣爱好进行补习时，要多与孩子沟通，听从孩子内心的想法，尊重孩子，从而达到共同的目标。

二、教导孩子拒绝盲目攀比

1. 家长要提高自身的审美情趣

家长是孩子的第一任老师，孩子对美的认识往往受父母的影响，甚至将父母的穿着打扮作为效仿的对象。有些家长出于宠爱孩子，认为不能让孩子受苦，给予孩子的日常事物都选择高档的、好的、贵的。甚至也有些家长，即使自己省吃俭用，也不想让孩子在其他同学面前"掉价"。无形之中，就会给孩子一种错觉，一种误导。因此，家长自身要先提高自己的审美情趣，克服不良消费观念及消费行为，形成正确的价值观，不要让自己成为爱慕虚荣的家长。

2. 教育孩子集中精力学习

孩子还是一名学生，而学生的主要任务是学习。家长应多关注孩子学习，引导孩子在学习、劳动、品德方面多下功夫，而不是在穿着上盲目攀比。条件良好的家庭，即使有能力买名牌衣服、鞋子等物品，也要看场合选择衣服。学生的衣服、鞋子应选择一些朴素大方的，这样才不会让孩子在穿着上产生优越感，而能与其他同学平等相处。如果孩子出现攀比心理，家长不必过分担心，应正视孩子的攀比心理而不是武断扼杀。可以和孩子找个时间聊聊天，听听孩子的想法，再适时引导，教育孩子树立正确的价值取向。

三、调试攀比心理，平常心待孩子

1. 正确看待攀比

家长之间的攀比心理是正常的，每个人或多或少都有攀比心。这种心态会发生嫉妒，但如果转化得好，可以成为前进的动力，关键是如何正确看待它，如何把握它。如果一味将别人家孩子的优点，同自己孩子的缺点对比，只会给孩子带来伤害。假使能用别人家孩子身上不好的行为，来规范自己的孩子，让孩子认识到自己的不足，自发地去避免这样做，从而改正自己，这将更利于孩子的成长。

2. 把眼光放长远

孩子的成长不是一日之功，也不是在一夜之间能看到成果的。考试分数不能代表孩子学习质量的全部，考卷也不能决定一个人的价值。过于看重分数，反而损伤了孩子的自尊心。小学里的孩子，都是天真纯洁的，都有积极向上的愿望。我们需要把目光放长远，给予孩子更多机会，多点鼓励，多点平常心，等待孩子的成长和进步。

学以致用

家长们要知道哪些是合理的，哪些是不合理的，请根据实际情况完成下列表格。

	给孩子购买高档奢侈品，在吃穿上不能亏待孩子	只关注孩子的最终成绩，至于学习的过程一概不论	帮助孩子培养兴趣爱好，报补习班前征求孩子的意见	不能忍受孩子对物质的要求，只要孩子提出就认为这是攀比	给孩子灌输交际知识，引导孩子参与大团体活动
是 / 否					

孩子们要清楚学习生活中哪些是合理或不合理，请根据实际情况完成表格。

	购买高档奢侈品，在吃穿上要比别人好	多和别人进行劳动、品德、学习方面的比较	多培养兴趣爱好，听取父母的意见	同学提出物质攀比时，自己也和他们进行比较	多和父母沟通交流，向父母请教事情
是 / 否					

第20课　激活思维

案例一

小林爸爸给他买了一个他喜欢的拼图，他拿出来在地上摆好就开始拼起来了。玩了没几分钟，他开始嘟囔："怎么这么难？"但是他还是试图再拼一下。过了很久，智力拼图还是没拼好，他忍不住抱怨道："都怪爸爸买的拼图太难了，一点儿也不好玩，我都拼了这么久了，看来是没办法了，不拼了。"

一旁的妈妈看到这样，说："怎么这么笨？这都不会，唉，你这智商也不知道随谁！"

案例二

方方和几个同学出去野餐，天气很热，妈妈就给方方准备了一把晴雨伞。结果，野餐回来看儿子黑了一圈，于是问他："宝宝，我不是给你拿了晴雨伞吗？出去野餐，这么热你为什么不撑一下？"

"雨伞不是要下雨天才撑吗，现在是晴天，当然不用撑伞了！"方方回答说。

妈妈无奈地笑了笑，说道："傻孩子，晴雨伞晴天也是可以撑的，帮助人们遮挡太阳，防紫外线。"

案例三

小兰是一个漂亮的女孩子，她非常羡慕那些会跳舞的孩子，有一天她终于鼓起勇气跟妈妈说了这件事。结果妈妈瞪了孩子一眼，歇斯底里地大吼："你知不知道妈妈每天上班多辛苦？赚的钱除了供你上学，只够每个月的生活费，学这个有什么用，你怎么这么不懂事！"

小兰被吓得大气不敢喘，从此再也不敢提这件事。但每次看着那些跳舞的女孩子，她的心里就会无比失落。

问题聚焦

思维是人脑借助于语言对事物的概括和间接的反应过程。一个人思维能力的高低，主要从他思维的深刻性、敏捷性、灵活性、独创性等方面进行判断。思维的深刻性即指对事物进行深入的分析和综合，能抓住事物的主要方面，透过现象看本质。思维的敏捷性指的是迅速而又正确的运算、判断。思维的灵活性指的是思路敏捷、不呆板、不固执、应变能力强，能从不同的角度提出问题和分析问题。思维的独创性指的是独立思考，创造出新颖的具有社会价值的智力品质。由于各方面的原因，现在很多孩子思维习惯不好，爱钻牛角尖，思维呆板，不灵活，家长要正视孩子的思维习惯问题，并找到合适的方式去培养孩子良好的思维品质，帮助孩子不但能够在起跑线上领先，而且也让孩子具有不断奔跑的能力。

一、遇事消极思维

我们经常说："思维决定命运。"这些话乍一听有些浮夸，但不无道理。因为我们每个决策，每次行动，每个念头，都在名为"思维"的框架之下。一个人早上说"今天我可能过得很糟糕"，于是他一天消极地对待身边所有的人，结果他这一天就真的过得很糟糕。思维方式是一个人看待事物的方式，它反映了一种人生态度。现在的许多孩子大都是以一种消极思维去看待事物，而孩子形成消极思维大多受到父母的影响。有时孩子做得不够好，家长就容易给孩子贴标签，动辄对孩子打骂，不能正确看待孩子在成长过程中的错误和失败，长期处在这样的环境下，孩子很容易形成负面消极思维。比如案例一中当孩子在玩比较复杂的拼图时,抱怨说:"这太难了。"事实上,孩子想表达:"这太复杂了,我无法完成它。"于是,孩子选择了逃避、放弃。这时家长不但没有去鼓励他,反而用语言去打击他,这对于激发孩子的思维一点帮助都没有,只会助长他的消极思维。一个形成消极思维的人,最大的特点就是说坏话。他不但说别人的坏话,更是说自己的坏话,"我没能力""我那么差""就是他的问题"……经常说别人坏话说自己坏话的人,他的人生怎会有光明呢?

二、做事定式思维

案例一中的孩子固执地认为没有下雨就不用撑伞,于是在大太阳下晒了一上午。孩子之所以出现这种情况,是因为他们的认知能力不强,只要是他们认定的事情就很难让他们改变想法,而在他们的认知范围内,都是一些很常规的事情,超出常规范围的东西,他们本能地觉得不可以,说通俗点就是做事一根筋到底,其实也就是思维定式。所谓思维定式,就是按照积累的思维活动经验教训和已有的思维定律,在反复使用中所形成的比较稳定的、定型化了的思维路线、方式、程序、模式。思维定式对问题解决既有积极的一面,也有消极的一面,在环境不变的条件下,定式使人能够应用已掌握的方法迅速解决问题,而在情境发生变化时,它则会妨碍人采用新的方法。大量事例表明,思维定式确实对问题解决具有较大的负面影响,当一个问题的条件发生质的变化时,思维定式会使解题者墨守成规,难以出现新思维,做出新决策。而孩子的思维定式不但体现在生活中,更是深刻影响着孩子的学习。许多孩子容易唯老师论,老师说的就是正确的,老师的答案就是唯一的,不敢越雷池半步。这将严重扼杀孩子的思维力和创造力,所以家长平时就应该注重孩子的思维训练,扭转孩子的定式思维。

三、怕事贫穷思维

"贫穷思维"并不一定是穷人的思维,而是在思维这个抽象的东西上,因物质金钱或时间及其他成本导致人在思维上出现的影响效率或结果的一种思维方式。在父母身上,这种思维方式表现为凡事以省钱为第一要务,无论是享受、吃喝还是正常开销，都能省则省，甚至连孩子教育和医疗方面的支出都想尽量节省。古老相传，"男孩要穷养，女孩要富养"，但很多家长把这句话直接浓缩成了"孩子要穷养"，不管是儿子还是女儿，只知道一味穷养孩子，以为这样可以锻炼孩子，让孩子更有奋斗精神、进取心更强。但实际上，这种做法并不可取，一个家庭的经济条件可以不富裕，但精神世界绝对不能贫穷，尤其不能向孩子灌输"贫穷思维"。

因为"贫穷思维"之下培养出的孩子往往格局狭隘，保守怯懦，尤其对孩子的金钱观影响巨大。在这种思维影响下，孩子的观念也会慢慢变成"花钱可耻、省钱光荣"，孩子长大后往往会陷入两个极端，要么是拼命地超前消费想弥补童年的遗憾，要么是拼命地省钱攒钱不惜牺牲生活品质。一起出去吃顿饭看场电影都要心疼好久，自己付出了点什么一定会牢牢记住，必须要对方也进行同等的付出才行，甚至还想占小便宜，久而久之自然没人愿意和这样的人交心，人际关系一塌糊涂。案例三中的妈妈一开始就以"学这个多费钱啊"的思维直接拒绝了孩子的要求，没有跟孩子进一步沟通。虽然确实要考虑家庭情况，但是妈妈这样不问理由直接拒绝的做法久而久之就会使孩子潜意识里觉得自己家庭条件很差，长此以往就会养成自卑的性格。这种贫穷思维的影响对孩子来说可能是一辈子的。

专家支招

社会在变革，知识在更新，新的时代要求我们把孩子培养成为思维最灵敏、判断最准确、主意最巧妙的智者，只有这样我们的孩子长大后才能成为适应时代，促进时代发展的人，未来的社会最需要的是既有知识又有智能的人。那父母该如何去培养孩子优秀的思维品质呢？

一、积极语言，培养孩子的积极思维

消极思维不可怕，可怕的是知而不改。思维模式是可以转变的，要想孩子具有积极的思维，那父母也要先成为一个积极的父母才行。首先家长必须改变心态，不能限制孩子们的自我探索。如果家长自己能够意识到"犯错是一个很好的学习机会"，那么，就不会什么事情都帮孩子去做了。

比如一个四岁的孩子自己剥虾吃，一开始可能连壳带肉都剥掉了，还会弄脏桌子、衣服，如果这时孩子被家长责怪，那么孩子就很容易形成消极思维——"我永远不会做得好，我就这样了。"如果此时得到家长的理解和积极的引导，孩子将会明白自己的能力会增长。因此，我们首先要理解并允许孩子犯错，鼓励孩子不断尝试，不断突破思维极限，寻找新的机会，一步一步深入思考，逐渐变得强大。有时，当孩子觉得沮丧和迷失，并且对自己充满怀疑时，父母应该引导孩子们注重于过程。注重过程的思维模式，会让孩子们更有信心。只要家长经常使用积极的语言，就会影响孩子使用积极的语言，那么孩子就会比较容易养成积极的思维习惯。

二、多种方式，激发孩子的创新思维

一个人的思维固化是悄无声息的。从小我们被灌输着同样的思想，慢慢就养成了单一的思考方式，等我们长大了，又把这种思维方式传给孩子。可怕的是，我们并没发现这就是思维的固化，反而觉得这是我们活了几十年得来的经验。为了避免孩子思维定式，家长可以利用多种方式激发孩子的创新思维，以下三种仅供参考。

（一）游戏

在游戏中，孩子并非为了追求游戏的结果，而是为了在游戏过程中使自己的认知、情感、动作等方面得到充分的、自由的发挥，不受现实的、成人的约束，从而获得兴趣、需要以及情感上的满足。孩子可以自发地游戏，也可以有组织地游戏，可以一个人游戏，也可以和同伴、家人，甚至与陌生人游戏。游戏体验总是能够在有意无意间点燃思维的火花，因为游戏所创造的适度紧张或适度松弛，会让孩子张中有驰，驰中有张，这一张一弛，正是思维灵感萌发的温床，有助于孩子的凝聚思维力。

（二）阅读

对于孩子来说，阅读是一种巩固学习成果，丰富知识的有效手段。大量有益的阅读，可以让他们如同得到甘露的滋润，受益终身。读书多的孩子在思考问题时，丰富的语言能力会帮助他更深刻地理解问题并解决问题，开拓孩子思维的广阔性、深刻性、逻辑性、灵活性。通过阅读书中复杂的论证及情节，孩子在边读边吸收、边分析边理解的过程中，培养了独立思考的能力。

（三）家务劳动

家务劳动对孩子的思维具有十分重要的促进作用。在家务劳动时，孩子必然需要对家务劳动进行观察、判断、决定行动、反思、改善，而这些过程也是学生逻辑思维形成的重要过程。通过多种家务活的锻炼，孩子的思维能力会明显上升。如家务活中有洗碗、扫地等内容，传统的方式基本是先扫地再洗碗或先洗碗再扫地，比较浪费时间，孩子长期做家务以后就学会了先扫地，扫地前可以先将碗泡在水中以方便清洗，这样做事更加有条理有效率。所以在孩子成长过程中，家长要帮助孩子树立正确的劳务观念，鼓励孩子在家庭生活中承担力所能及的家务，这有助于提升孩子的逻辑思维能力。

三、开阔眼界，摆脱贫穷思维的限制

什么决定思维？人们常说眼界决定一个人的高度，可什么是眼界呢？最常见的解释为目力所及的范围，引申指见识的广度以及一个人看待世界的深度。一个眼界开阔的孩子必定见过很多东西，因此思维也会越来越广，当遇到问题时就会发散思维，从多个角度寻找解题方法，避免进入死胡同，在考虑问题时也会更全面，从而减少出错的概率。我们现在常说要"富养孩子"，富养孩子不一定非要给孩子非常优越的物质生活，而是家长要给孩子创造一个开阔的视野，让孩子看到更远更广的世界。

想要提高孩子的眼界，比较好的方法就是带孩子去旅行，在旅途中家长可以让孩子多感受所到之处的风景，并结合书本上的内容加深所学知识。这样不仅开阔了眼界，还能帮助孩子巩固所学知识。当然不是每个父母都有雄厚的资金去支持旅行，那么父母可以让孩子多读一些课外书籍，到书中去看世界。现在的书籍太多，鱼目混珠，不仔细挑选容易误导孩子。家长可以带孩子到书店去欣赏一些世界级的名著，世界名著的思想性、艺术性、哲理性都极高，会对孩子形成一种潜移默化的熏陶和影响，能打开孩子兴趣的大门，可以极大地提高孩子的自身修养，丰富他们的语言，开阔

他们的眼界。另外，当学校或者社区组织课外活动时，家长大可放心让孩子参加，让孩子多点户外活动，可以让孩子看到一个更立体更真实的世界。

学以致用

让我们一起玩游戏吧！越玩越聪明哦！

1.让数字最大：请用一根铁丝，在不折断的情况下，尽可能做出最大的数字。

2.镜子游戏：有四个数字（两组）在镜子里观看的顺序是相反的，它们两者之间的差都等于63。请问：这分别是哪两组数字？

第21课 学习主人

案例一

放学后，平平和小哲背着书包，高高兴兴地回家去。

"平平，昨天发的那张数学试卷你写好反思了吗？明天就要交了。"小哲问道。

"这有什么好反思的，错了就错了，老师评讲时更正过来不就行了吗？干吗那么麻烦。"平平不以为然地说。

小哲停住脚步，认真地说："这哪能说麻烦？这叫及时总结。老师经常跟我们说要查漏补缺，让我们写反思就是让我们及时发现自己哪些知识点还没有掌握牢固，然后有针对性地加强巩固。"

"行了，行了，我知道了，别再唠叨了！"平平说道。

案例二

吃过晚饭后，然然和妈妈正坐在客厅津津有味地看着电视。

爸爸忽然问道："然然，你周末的作业完成了吗？"

"做完了。"然然得意地说。

"拿给爸爸看看，爸爸这段时间比较忙，都没怎么关心你的学习情况。"然然从书包里取出本子，递到爸爸手上。爸爸边看边皱眉头，严肃地说："然然，你这些题目怎么错了这么多？上课没听课吗？"

然然低下头，吞吞吐吐地说："老师上课讲的内容，我……我……听不明白。""你这孩子，不明白怎么不去问同学或老师呀？"爸爸气呼呼地说。

然然小声说："可是问同学，我怕同学嘲笑我，问老师，怕老师批评我上课不认真听讲。"

爸爸语重心长地说："孩子，不懂就要问，可不能不懂装懂呀，我们要做个不懂善问的好孩子。"

然然点了点头，说："嗯，我明白了，爸爸。"

案例三

"小希，你做完数学作业了吗？"妈妈问道。

小希嘟囔道："做完了。"

"语文预习课文了吗？你们老师说要预习第10课。"妈妈又问道。

小希不耐烦地说："预习了，我已经读过两遍了，没有什么好预习的了。"说完拿起手机在一边开心地玩起游戏来。

妈妈生气地走过去，夺过手机，提高了几个分贝，吼道："预习可不能随便，它能培养自学能力和独立思维能力，这篇课文的自然段你标出来了吗？生字词标出来了吗？写上拼音没有？不懂的地方做好标记没有？预习要做到心中有数，上课时才容易跟上老师讲课的思路，理解才更为深刻。"

小希只好拿起语文书，不太情愿地回到房间里。

问题聚焦

学习贯穿着人的一生，良好的学习习惯和自主学习能力应该从小开始培养，孩子一开始接触学习的时候受社会经验局限和家长施加的压力以及找不到学习的乐趣，在所难免会不了解学习对于自己的意义，不主动学习，家长和老师推他们一步，他们走一步。如何让孩子自主学习、成为学习的主人，是大部分学生家长常年思索的问题之一。在以上三个案例中不难看出，家长在督促孩子学习过程中孩子和父母存在着一些问题。

一、孩子不了解学习的意义

"孩子的天性爱玩"，这句话基本可以用在每一个孩子身上。在孩子没有完全认识到社会规范和道德要求时，他们的行为多数是以自己的利益和快乐为出发点，学习对他们来说暂时不能得到快乐，而是一种枯燥的行为。部分孩子只有被父母和老师催促甚至惩罚时才会去学习，所谓"推一下，走一步"就是如此。在案例一中，平平对小哲的质问和建议不耐烦，平平和小哲是朋友，他们之间的关系是平等的，不存在孩子和家长那种服从和权威的关系。并且，平平不了解学习对自己的意义，将它看作是一件无聊的事情。所以当小哲对平平提出关于学习的建议时，平平会恼火并让小哲"不要再唠叨了"，从这句话可以看出，平平平时是在父母和老师的推力下学习的，而非自发地主动学习。在案例三中，小希亦是如此。如果不能及时让孩子明白学习的意义、找到学习的乐趣，只是让他们在家长的压力下被动地学习，不仅会让孩子更加抗拒学习，还会导致家庭矛盾堆积。

二、父母没有给予足够的鼓励，导致孩子认知错误

在孩子前期的学习生活中，获得他人的赞赏和鼓励是一个非常重要的前进动力。孩子很有可能会因为长辈的赞赏而努力地去完成一件事情，或者是渴望得到长辈的表扬而完成一件事。在案例二中，然然在表示自己做完作业时骄傲的语气和隐瞒不懂的题目是为了不让爸爸批评自己，然然是非常渴望爸爸表扬的。但是，如果家长不及时地关注孩子的学习状况、没有做好对孩子的鼓励，会容易让他们误解家长对某件事情的态度，导致孩子产生畏缩心理，在自主学习的路上停滞不前。例如，然然对问问题这个行为的错误看法，认为问问题会导致同学的嘲笑以及家长、老师的批评而选择不问问题，不懂的知识点越积越多。父母不仅要关注孩子的学习状况，更要关注孩子对于学习的态度，并及时地给予孩子鼓励和引导，改变中国父母传统观念中"表扬孩子，孩子就会骄傲，所以要减少表扬孩子的次数，多挑孩子的不足"的观点。当然鼓励孩子、给予孩子支持的同时，也需要客观、及时地给孩子指出不足，让孩子清晰、全面地认识到自己当前的学习情况。

三、父母没有了解孩子的心理和学习情况

"望子成龙，望女成凤"基本上是所有中国父母对自己子女的期望。这种期望可以体现在日常督促孩子的学习当中，就如案例三中小希的妈妈质问小希，抢走小希的手机，让小希去预习。但是，忽略孩子的实际情况和情绪体验，一味地质问和指责只会适得其反，让孩子更加反感学习。然而，总有一天孩子会离开家庭在学校寄宿，在脱离父母监督的情况下进行学习。孩子因为缺少父母先前的监督压力，很有可能会出现完全丧失学习动力的情况。就像弹簧一样，给弹簧施加压力确实能让弹簧短时间压缩变小，但是积蓄在弹簧中的动能是不变的，总有一天它会弹得比之前更高。父母若不能找到孩子不愿意完成学习任务的根本原因，将自己认为正确的做法直接套在孩子身上，以强制性的措施压迫孩子学习，只会适得其反，造成孩子与自主学习相悖而行，得不偿失。

专家支招

儿童成长和学习的行为模式有其独特的规律，父母要认识到这一点，并且从孩子的角度看待学习这一问题，寻找能真正促进孩子自主学习的方法，让他们了解学习对自己的意义。

一、了解孩子学习模式，寻找孩子的兴趣所在

首先，要了解孩子的学习模式，就像改造事物的前提是认知事物，这个道理同样可以运用到教育孩子的过程中。摸清孩子学习的动力所在以及学习动力是如何形成的，才能帮助孩子找到学习的意义，促进孩子自主学习。其次，"兴趣是孩子最好的老师"，给予孩子更大的空间，让孩子自己选择自己感兴趣的科目，并鼓励孩子朝兴趣方向发展。帮助孩子了解学习对于自己的意义是什么，学到的东西对自身有什么作用，让孩子的学习动力变为奋发动力。这要求父母看到孩子喜欢一个事物时，不仅要看到事物的表面，还要看到事物背后能促进孩子自发学习的东西并加以引导。比如，孩子喜欢玩游戏，不仅要看到游戏的表面，还要看到游戏背后存在着编程、交互设计、美术设计、心理学等多个学科，引导孩子认识这些科目

并激发孩子对这些科目的学习兴趣。当然，这并不是说只单纯发展孩子感兴趣的科目，而是让孩子通过学习自己感兴趣的科目，明白相应的学习方法和学习的意义，并将其运用到其他的科目中去。这个过程最为关键的是父母的引导，不仅包括兴趣的引导，也包括了游戏选择的引导。父母引导是否正确，很有可能会直接影响到孩子今后的发展道路，父母必须清楚地意识到这一点。

二、了解孩子的实际情况，正确引导孩子学习

在很多时候，孩子不认同某个标准。父母首先要意识到这一点，确定孩子的实际学习情况，重视孩子的想法、孩子的学习任务评判标准，提出合理的学习要求，不能像案例三中小希的妈妈一样，将自己的标准强加于孩子身上，而忽视了孩子真实的学习情况以及心理感受。小希妈妈应该尝试和孩子沟通交流，找到孩子认为预习两次就已经足够的原因，并检查孩子的预习是否达到了作业要求。如果孩子是应付式、敷衍性地预习，甚至逃避学习，父母应该及时地纠正和引导孩子，尽量避免情绪化地指责或者用一些带有攻击性的语言刺激孩子学习。从孩子的角度出发，帮助他们思考预习到底能起到什么作用，尽量从孩子日常生活出发。告诉孩子，如果更充分地了解课文，就能更好地回答老师提出的问题，能做到课前熟知全文，周围的同学可能会产生敬佩之情等，尽量减少使用一些过于宏大、孩子不能理解的词语来说服孩子。

三、与孩子共同学习

与孩子共同学习，可以是孩子和父母的学习发生在同一时间段内，也可以是父母参与孩子的学习过程。父母是儿童成长阶段接触最多的人，父母对孩子的影响不仅包括日常对孩子的言语指导、行为纠正等，也包括一些潜移默化的、潜意识层次的影响，如孩子会无意识地学习和模仿父母的行为。要培养孩子自主学习的习惯，需要父母以身作则，带头学习，给孩子营造一个适合学习的家庭环境，热爱学习的家庭氛围，多一点拿起书本，少一点拿起手机，将书本放在客厅，而不是将其束之高阁、收藏在书柜当中。孩子受家庭氛围影响，更可能主动去学习。再者，父母可以参与到孩子的

学习过程中。以案例三为例，在充足的时间和精力的前提下，父母完全可以选择和孩子一起预习。

学以致用

父母孩子共同学习卡							
第　　周							
	星期一	星期二	星期三	星期四	星期五	星期六	星期天
共同学习内容							
学习收获							
父母给孩子的话							

第 22 课 讲究卫生

现场直击

案例一

"天天,你怎么把垃圾扔在客厅了,快点捡起来!"妈妈说道。天天听到后不以为然地说:"不就是扔点垃圾吗,你扫一下就行了。"随后又吐了一口痰在地上,这时妈妈不耐烦了,训斥道:"不捡垃圾就算了,还随地吐痰,你知道有多少细菌吗?"天天一听更烦了,说:"我就是这样,你能咋地?"这样天天和母亲的关系越来越僵。天天生活在一个普通的家庭,父亲寡言少语,整天忙于生计,没有时间管教孩子,平时很少和孩子沟通,家庭教育以母亲管教为主,随着时间的推移,孩子的表现尤其是在卫生习惯方面的表现越来越不能令家长和老师满意。

案例二

一年级学生小杰,女,7岁,父母均为大学学历,父亲是某销售公司经理,母亲是某公司业务骨干。周日在家中,妈妈看到小杰在吸吮手指头,便训道:"小杰,你怎么又在吸吮手指头了呢?都说你几次了,就是改不了!"小杰听后吓得忙跑到爷爷身后藏了起来。小杰平时还注意力不集中,东张西望。手指不卫生,肯定影响孩子的健康,父母意识到这点后,很着急。

案例三

宁宁今年 7 岁，上小学一年级，很不爱整洁，几乎每天放学回家，都把自己搞得脏兮兮的，要他去洗澡，总是推三推四。一天，宁宁放学回家，身上脏兮兮的，妈妈看到后非常生气，说："在学校一点也不注意卫生，快点去洗澡。"宁宁说："我还有别的事，我不洗。"在妈妈的再三催促下，宁宁终于走进了浴室，但是不到三分钟就出来了，身上还是不干净。晚上睡觉前，妈妈催促道："快去刷牙漱口。"宁宁最终在自己哭声中没刷牙就睡觉了，最后经常闹肚子，牙齿也蛀了不少。妈妈对他这种不讲卫生的习惯非常头疼，经常提醒他，甚至警告他。他爸爸气不过，还揍过他几次，但他依然如故。

问题聚焦

良好的卫生习惯，包括环境卫生习惯、生活起居习惯、饮食卫生习惯等。孩子卫生习惯的好与坏，是关系到孩子个性品质发展的重要因素，孩子养成了良好的卫生习惯，既保持了环境整洁，又增强了他们对疾病的免疫力。良好的卫生习惯还能促进孩子的生长发育，增强孩子的体质，改善孩子的精神面貌，能使孩子受益终生。但是通过以上三个案例，我们可以看到，孩子们在讲究卫生方面，普遍存在以下问题。

一、儿童的思维认知能力有很大缺陷

形成卫生认知，不仅要掌握相关的卫生知识，还要具备逻辑思维能力，掌握背后的因果关系。比如不洗手，手上就会滋生细菌，细菌通过食物从口腔进入身体，在身体内大量繁衍，影响了正常人体器官的运行，于是就开始生病。这一套逻辑因果关系在我们看来很简单，顺理成章，但是儿童却没有足够强的逻辑推理能力，因此他们便很难认识到不讲卫生的危害。例如案例三中宁宁每天放学都把自己搞得脏兮兮的，不爱洗澡，饭前不洗手，睡觉前也懒得刷牙漱口。从这些现象看，宁宁出现不讲卫生的原因不是父母教育不到位，而是自己对卫生认识存在偏差，认识不到良好的卫生习惯有利于自己身体的健康，认识不到闹肚子、牙齿有蛀虫是自己的卫生

习惯不好造成的。

二、父母没有做好榜样

如果父母本身不爱整洁，家里不爱收拾，没有给孩子树立良好的榜样，而孩子又具有好模仿和易受暗示的特点，自然难以养成整洁的习惯。例如案例一中天天主要表现为总是吊儿郎当，随地吐痰，乱扔垃圾，不注意个人卫生和集体卫生。之所以出现这个现象与家庭教育的片面化有关，缺少和父亲的沟通，甚至父亲在孩子眼中没有家庭地位，母亲比较强势，不是严厉就是溺爱，再就是父母没给孩子做好榜样，家中卫生环境不好，没有形成正确的卫生习惯。

三、父母大包大揽

现在的家庭大多一个孩子，一家人围着他团团转，照顾、爱护得无微不至，很多事情甚至包办代替，这样有意无意地剥夺了孩子自己做事的机会。例如，孩子把玩具扔得乱七八糟，妈妈马上收拾好。孩子就很可能养成事事依赖、不能独立完成的习惯，更别说讲卫生、爱整洁了。例如案例二中小杰性格内向，不爱讲话，经常独自吮吸手指，东张西望，注意力不集中。出现问题的原因是父母平时工作太忙，顾不上孩子的教育，平时仅仅是爷爷奶奶照管，隔代照看的情况导致孩子的卫生情况爷爷奶奶大包大揽，一些坏习惯没有得到及时纠正，例如吸吮手指头等不卫生习惯。

专家支招

卫生习惯是孩子生活习惯中极其重要的一个部分，它关系到孩子生活的各个方面，对于保持孩子的健康、树立孩子的形象都是必不可少的。作为"代理家长"，要注意培养留守儿童从小就养成讲卫生、爱清洁的良好习惯。

一、要让孩子获得必要的卫生健康知识

家长要让孩子理解卫生与健康之间的关系，激发他爱清洁、讲究卫生的愿望。以往家长总是限制孩子"不能做这，不能做那""应该这样，应

该那样"，而很少告诉孩子为什么要这样做，这样的收效往往不大。要对孩子进行卫生与健康教育，培养孩子讲卫生的好习惯，就首先要解决"为什么"的问题。

让科普展览和媒体报道帮忙。有些时候，孩子不讲卫生是因为他们缺乏相关的卫生知识，因此家长进行适当的卫生知识教育，让孩子了解不讲卫生所造成的危害，可以有效培养孩子讲卫生的好习惯。

二、发现问题及时和孩子分析

在日常生活中有许多这样的问题，家长可以随时提出来，帮助孩子分析，让他理解每一件事情的意义，逐步让他懂得不讲卫生，就会影响健康，要想有个健康的身体，就必须讲卫生。家长可以经常给孩子提出问题，例如：①为什么要在饭前便后洗手？②为什么要漱口？③吃水果为什么要洗干净？④为什么要将垃圾扔到垃圾箱里？⑤为什么要洗澡？不洗澡会怎样？⑥为什么要常换洗衣服？家长要注意让孩子弄懂和能够正确回答以上问题，必要时家长要给予补充和说明。

我们要遵循孩子的认知规律来培养孩子的卫生认知。这阶段孩子的认知特点是形象认知，孩子要看到具体的形象才能理解并记住，因此父母应该避免说教而是多带孩子看一些图像化的书籍、影视等，从而在孩子的大脑中形成直观印象，让孩子知道不讲卫生有什么危害。或者带孩子做一些科学小实验。比如弄几片白菜叶子或者苹果片放在湿润的环境里，让孩子仔细观察，就会发现没几天它们便长毛、发黄、烂掉。这时候孩子就会知道微生物的厉害，他就会注意卫生了。

三、家长要耐心地和孩子讲明道理

家长应该尽量少用命令、否定的口气要求孩子，要给他讲明道理，让他理解为什么这样做，加深他的认识，使他能自觉地讲究卫生，保护自己身体的健康。在日常生活中家长要帮助孩子养成良好的卫生习惯，例如：让孩子养成早晚洗手洗脸，外出回家、吃东西前均洗手的习惯，还要教育孩子饭前、便后主动洗手，弄脏手、脸后随时洗净；应教会孩子刷牙时顺着牙缝上下刷，由外侧到内侧，这样才能刷掉残留在牙缝中的食物，保护牙齿，预防龋齿；孩子洗澡时要告诉孩子把脚趾、脚跟部洗到，洗完后擦干，夏天应天天洗澡、换衣，其他季节也应定期洗澡、洗头，勤换内衣裤；注意提醒孩子勤理发，勤剪指（趾）甲。孩子的头发以整洁、大方为宜。指甲长了，藏污纳垢，很不卫生，也容易抓伤皮肤，应要求孩子定期修剪；家长应勤督促、多指导，多用语言鼓励孩子，使孩子逐渐养成良好的卫生习惯。

学以致用

引导孩子（讲究卫生）

孩子存在问题	1. 总是吊儿郎当，随地吐痰，乱扔垃圾，不注意个人卫生和集体卫生。 2. 性格内向，不爱讲话，经常独自吮吸手指，东张西望，注意力不集中。 3. 把自己搞得脏兮兮的，不爱洗澡，饭前不洗手，睡觉前也懒得刷牙漱口。			
问题存在的原因	1. 与家庭教育的片面化有关，缺少和父亲的沟通，母亲太强势。 2. 父母平时工作太忙，顾不上孩子的教育，平时仅仅是爷爷奶奶照管，隔代照看的情况导致一些坏习惯没有得到及时纠正。 3. 自己对卫生认识存在偏差，认识不到良好的卫生习惯利于自己身体的健康。			
专家/支招	1. 创设良好的家庭教育氛围，各自承担起教育孩子的责任。 2. 父母要及时关注孩子，给孩子一个干净的环境。 3. 利用多种形式引导孩子认识到卫生习惯的重要性。 4. 制定相应的讲卫生规则，并给予适当奖励。			
学以致用	时间	方法	成效	出现的新问题
	（3月）至（4月）	创设干净、整洁的居家环境。	□ √好 □ 一般 □ 无效	孩子不爱惜家庭的干净环境。
	（4月）至（5月）	引导孩子认识到讲卫生的益处。	□ √好 □ 一般 □ 无效	开始意识到位，但是不知如何做。
	（5月）至（6月）	制定对应的规则，并给予适当的奖励。	□ √好 □ 一般 □ 无效	短时间坚持较好，但是不能持久。
结果总结	通过对三个案例的现象以及原因分析，总结出了孩子不讲卫生的一般性原因，并及时给出了专业性的指导，根据这些专业指导的方法，在具体的实践中得到了运用，利用三个月的实践，孩子讲卫生的好习惯逐渐得到了养成。			
建议	1. 家长对待孩子不讲卫生的习惯要用一颗平常心对待，不能操之过急。 2. 给孩子创设一个良好的家居环境是最重要的，因为环境会直接或者间接影响一个人的成长，同时，榜样的力量是无穷的，家长要做到"己所不欲勿施于人"。			

第23课　健康饮食

现场直击

案例一

小明期末考试拿了全班第一名。爸爸知道了很高兴，拿出一张100元钱，对小明说："明天爸爸妈妈晚上要加班，你自己去买点好吃的。"第二天下午放学后，小明就对两个好朋友说："走，我请你们去吃麦当劳！"

七月的天气骄阳似火，三个小家伙吃着热乎乎的汉堡包和薯条，喝着冰凉的汽水，咬着甜甜的雪糕，左吃一口，右吃一口，真是美味极了！吃完麦当劳后，觉得还不够过瘾，小明的两个朋友说："你刚才请我们吃麦当劳，那我们请你吃西瓜、辣条、鸡爪和烤串吧！"说完，他们三个人就去路边的小食摊继续买零食吃。傍晚时分，他们三人吃得肚子饱饱的，就各自回家了。

半夜时分，小明觉得头脑昏昏沉沉的，喉咙很干，肚子突然疼起来，疼得在床上直打滚，冷汗也冒出来了。小明只好大声叫醒妈妈："我的肚子好疼！"妈妈一摸小明的额头，发现好烫，于是叫上爸爸一起带着小明去医院。

医生检查完以后，对小明说："你这个病是急性肠胃炎，需要打针。"

案例二

"小东，晚饭做好了，快过来吃晚饭。"七点钟，妈妈做好了晚餐，就叫小东过来吃晚饭。"妈妈，电视节目很好看，我想坐沙发这里吃饭。""那我盛好饭菜拿给你吧。"小东妈妈就盛好饭菜，拿给小东吃。小东一边看电视，一边吃晚饭。妈妈吃完饭了，小东还没有吃掉一半。妈妈只好催促小东："小东，你快点吃饭，吃完饭还要写作业和洗澡呢，等一下八点爸爸下班回来你还没有吃完饭你就挨揍了。""好吧，我加快速度吃。"小东于是狼吞虎咽，把剩下的饭吃完。

案例三

小芳今年 10 岁了，读小学四年级。小芳个子长得矮，身体瘦弱。小芳胃口也不好，吃饭偏食，喜欢的食物就多吃，不喜欢的食物就一口不沾。父母经常拿她没办法。因为担心小芳的身体长不高，小芳的父母很焦急，便四处打听吃什么东西可以让孩子身体长高。后来小芳父母在电视上看到某种保健品对小孩子身体发育很好，就花了不少钱买给小芳喝。可是一年过去了，小芳身体还是很瘦弱。

问题聚焦

在日常生活中，我们都知道民以食为天，饮食的健康对于人们来说非常重要，对于身体正在迅速发育的孩子而言尤为重要，孩子健康成长更是广大父母的心愿。但是通过以上案例，我们可以看出孩子在饮食方面，普遍存在以下几个问题。

一、孩子普遍喜欢零食

有些父母工作太忙或对孩子过分溺爱，没有对孩子的饮食需求及时做出正确的指导，忽略了孩子生长发育的营养需求。案例一中的父母由于加班无法给孩子做饭，于是给孩子零用钱买东西吃，不管食物的营养好不好，认为只要孩子喜欢吃、吃得饱就行了。如果父母没有指导孩子注意饮食卫生，放任孩子用零用钱去买零食吃，而孩子分辨能力低，很容易买一些既不卫生又没有营养的零食来吃。不少零食包装精美，看上去很好吃，闻起来味道很香甜，那是因为里面添加了大量的色素和防腐剂等化学物质。例如案例一由于没有注意食品卫生，买了不卫生的"三无"食品来吃，吃零食过多导致肠胃病，这些都是垃圾食品惹的祸。

二、孩子的饮食习惯不好

不少孩子饮食时间不加节制，一日三餐不按时饮食。有些孩子过晚吃晚饭，或吃饭时间过短，或一边看电视一边吃饭，或吃得过饱，有些孩子有吃消夜的坏习惯……这些不良的饮食习惯都会增加肠胃的工作负担，容易造成消化不良，影响营养吸收，从而使人免疫力下降，不利于身体健康。案例二中的小东父母都是上班族，家里没有老人帮忙做家务，照顾小东。父母平时忙于工作，导致对小东疏于照顾，特别是对小东的饮食习惯管理不到位。小东不按时就餐，边看电视边吃饭，吃得太快等，都是不良的饮食习惯。

三、父母"病急乱投医"

有些父母看到自己的孩子比别人的孩子长得矮或长得瘦，就病急乱投医，为孩子买一大堆保健品给进补。其实，这是不科学的。因为很多保健品都是夸大宣传，弄虚作假，缺乏医学根据。孩子生长发育所需的热量、蛋白质和维生素、矿物质都是通过日常食用的饭菜和水果等物质来吸收。保健品的摄入，对孩子的营养帮助不大。案例三中父母想让孩子身体强壮长高，光靠吃保健品是不行的，孩子营养不良，很多都是饮食出现了问题。父母首先要检查孩子食物种类有没有做到均衡搭配，教育孩子做到均衡饮食，健康饮食，不要偏食、挑食，还要注意合理运动锻炼。其次可以带孩子去医院检查，寻找孩子营养不良的原因，对症下药。

专家支招

父母要让孩子养成良好的饮食习惯，做到均衡饮食，这样才能远离疾病，健康成长。那么，父母如何正确引导孩子注意食物均衡搭配，做到健康饮食呢?

一、父母要重视孩子的健康饮食

科学的健康饮食,指父母根据孩子身体发育的阶段和发展规律、发展需求,合理安排孩子的一日三餐所需的各种食物和饮料,要特别注意涉及食物的营养和每天摄入的合理数量等方面,最终达到摄入营养适当,满足孩子身体健康发育的需要。

为人父母者都希望自己的孩子健康聪明,而饮食就决定着孩子的身体健康成长,均衡营养能够对他们的智力、能力水平、睡眠及健康产生积极的影响。父母要认真学习了解孩子的基础营养知识,为孩子的健康保驾护航。

小学阶段是孩子身体发育的重要时期,这个时期的孩子生长发育迅速,新陈代谢旺盛,丰富的营养是保证孩子正常生长发育、身心健康的物质基础。孩子应从饮食中科学摄取蛋白质、脂肪、碳水化合物、矿物质、维生素和水、膳食纤维这七大类营养物质。健康的饮食对孩子的发育成长和健康起着重要作用,因此父母必须给以高度重视。

二、父母要养成孩子良好的饮食习惯

父母要养成孩子良好的饮食习惯,如饭前便后要勤洗手,按时吃饭,不暴饮暴食,吃饭不能太快,要慢吞细嚼。不能一边吃饭一边看电视,也不能一边吃饭一边打闹,防止食物卡喉咙。不要偏食,不能光吃肉类而不吃蔬菜或蛋类。孩子因为吃肉类多,吃蔬菜或豆类过少,容易发生消化不良,出现便秘、上火等症状。

父母要教育孩子一日三餐要有规律。一般早、晚餐各占 30%,午餐占40% 为宜,特殊情况可适当调整。通常上午的学习比较紧张,营养不足会影响学习效率,所以早餐要做到食物种类多,让孩子吃得好。早餐除主食外至少应包括奶、豆、蛋、肉中的一种,并搭配适量蔬菜或水果。午餐则要求孩子吃得饱。因为午餐要补充孩子上午活动所消耗的能量,又要为下午的学习和活动做好储备。午餐的食物要合理搭配,既要有谷类食物如米饭、面条,等等,又要有蔬菜、豆制品、肉类,等等。晚餐要吃少。因为孩子晚上早睡觉，而晚上活动比较少，消耗的能量也比较少。如果吃得太饱，会增加肠胃负担，而过多的能量堆积起来，容易造成身体肥胖。

父母要教育孩子少吃零食，少喝含糖饮料，不喝咖啡和可乐，不能乱给孩子吃保健品。零食、饮料、咖啡和可乐都含有大量的色素、糖分、各种添加剂，对孩子身体健康有不良影响。而不定时吃零食或喝饮料，会增加肠胃负担，影响胃液分泌，营养物质就得不到充分消化和吸收，容易产生各种疾病。

学以致用

请你和孩子一起设计一周食谱，要求每天食谱含有 5 类食物且比例合适，考虑常吃食物的种类、营养成分，以及家人健康状况和饮食习惯等。

一周营养食谱

	早餐	午餐	晚餐
星期一			
星期二			
星期三			
星期四			
星期五			
星期六			
星期日			

第 24 课　身体保健

现场直击

案例一

夜已经深了，小刚还在玩新出的游戏。这时，小刚爸爸走了进来："儿子，别玩了，都十二点了，早点睡觉，明天还得上学呢。"小刚戴着耳机，并没有听到爸爸的话，爸爸只好走近小刚，反而吓了小刚一跳。爸爸说："怎么耳机声音开这么大，这样对耳朵不好！你看看这都几点了，已经玩三个小时了！游戏少玩，赶快去睡觉！""知道了知道了，就再玩一小时嘛。"小刚不情愿地应了一声，又戴上了耳机。爸爸执拗不过，只好出去了。

案例二

小明在家里写作业的时候总喜欢趴下看书，眼睛直直对着课本。妈妈看到了，火冒三丈，说道："坐直！老驼着个背，是学习的样子吗！"小明只好坐直，可没过多久就又趴了下去。妈妈看到了更是发了一通火，小明说："行了行了，我去看会儿书，写作业太累了。"于是走进卧室，捧着一本漫画书侧躺在床上看了起来，看累了，小明用手擦了擦眼睛，换个姿势仰着看。

案例三

"小红，收拾一下，我们等下去和林阿姨一家吃消夜哦。"妈妈说道。

小红看了看闹钟："啊？妈妈这都快9点了，那回来好晚哦。"妈妈笑了，摸了摸小红的脑袋，说道："今天周五，给你休息一下，带你出去吃好东西，你明早可以起晚点。"小红高兴得手舞足蹈，询问妈妈："那我今天可以和林燕一起玩一下手机游戏吗？"妈妈点点头，同意了。

问题聚焦

常言道：身体是革命的本钱，健康是幸福的基础。身体保健于众人而言具有重要意义。而现代社会的快速发展，加速了人们的生活节奏，娱乐了人们的生活情趣，也增加了人们的工作负荷。与此同时，孩子在身体保健上也存在许多问题。

一、作息时间不规律

现代科技的发展，给人们带来了丰富的娱乐与享受，也给孩子带来了一定的消极影响。其一体现在作息时间不规律，影响睡眠时间和质量。案例一中的小刚深夜还在玩游戏，爸爸劝阻也没用。明知道第二天要上学，也没有调整自己的睡眠时间。案例三中的小红在妈妈的带领下外出吃消夜，回家时间应该是比较晚，与日常作息时间不一致。两个案例中作息不规律，都会影响孩子的身心健康发展。小学生的睡眠时间，建议每天要达到 9 ~ 10 个小时，尤其在夜间，只有保证良好的作息时间和充足的睡眠时间，才能促进生长。作息不规律，不仅影响身体，进而还会影响学习。

二、用眼习惯不重视

眼睛是人类感观中最重要的器官，大脑中大约 80% 的知识和记忆都是通过眼睛获取的，也就是说眼睛是我们获取大部分信息的源泉，如此珍贵的器官，却没有得到重视并加以保护。案例二中的小明喜欢趴着看书，写字时不自觉地离近书本，甚至侧躺在床上或是仰看漫画书，这些行为容易引起近视。同时小明看累了书用手去擦眼睛，容易引起一些细菌感染。这些都是不重视眼睛的表现。我们都知道，近视容易产生视物模糊、眼睛干涩酸痛，如果影响生活也要佩戴眼镜。

三、用耳过度损听力

耳朵是五官中一个重要器官，它除了掌管听觉外，也兼具保持身体平衡的机能。有研究表明，60 分贝以上对耳朵而言是吵闹的。如果达到 70 分贝，就会损伤耳朵的听力神经了。案例一中的小刚不仅长时间使用耳机，而且在使用过程中调至了过大的音量，连爸爸叫他他都听不见，这样极易引起听力问题。戴上耳机时，声音没有经过空气过滤掉部分杂音，在同等分贝的情况下，比外界传入的声音对听力的损伤更大。而且，如果长时间持续在较大的噪声中，也会造成逐渐加重耳聋，也就是渐进性耳聋。

专家支招

健康既是生命的基础，也是人生幸福的源泉。身体保健要建立在有规律的生活中，从生活中的点滴做起，包括学习、娱乐、休息等方面，让孩子去遵守，并养成习惯。

一、培养良好作息，保证睡眠充足

1. 制订作息计划

充足的睡眠是身体健康的基础，而父母正是孩子最好的老师，孩子的成长离不开家长的引导，小学生对作息计划还没有强烈的意识，因此需要家长进行一定的指导，也可以和孩子一起商量，和孩子一起制定作息时间表。从身边的点滴小事做起，如计划在什么时间起床，每次洗漱花多长时间，什么时间可以看电视，看的时间多长，以及哪个时间休息等都有约定。通过作息时间表，对孩子起到约束和监管的作用。只要孩子将作息时间固定下来，长期坚持，就能养成良好的作息习惯。

2. 注重时间观念

孩子对时间的概念并不清晰，不能如同大人一般时刻有时间观念。因此应在家里显眼的地方摆上时钟，提醒孩子时间。也可以为孩子买一块手表。无论是在家里还是外出，只要孩子看一看钟表，就知道现在是什么时间，我应该去做什么事情了。除此之外，家长也可以随时提醒孩子看时间，建立孩子的时间意识，让孩子懂得安排自己的休息时刻，养成良好的睡眠习惯。这需要长期而持续的培养。

3. 懂得奖励孩子

有了作息计划表和时间观念之后，孩子如果能够按照自己的时间表执行，家长应该给予表扬和鼓励，甚至适当给些奖励。有些孩子虽然能够明白道理，但是比较难执行，或是有时候会忘记时间，因此，适当的奖励反而有效。同时，作为家长必须发挥起引导和督促作用。

二、保持用眼卫生，注意检查视力

1. 每日眼保健操

有研究表明，正确操作的眼保健操同用眼卫生相结合，可以控制近视眼的新发病例，起到保护视力、防治近视的作用。因此，孩子在学校也会每天做眼保健操。而孩子平时在家中，家长也可以带头一起做眼保健操，长期坚持下去，对孩子的眼睛是可以起到保护作用的。通过家长的监督和教育让孩子们理解眼保健操的重要性，让孩子认识到视力的重要性，同时也要定期带孩子检查视力。

2. 用眼注重光线

光线的强弱对视力有很大影响，光线太强或者太弱都会明显影响视力，长久会造成近视。因此，光线应该选择明亮且柔和的。如果有一些不良习惯应该及时改正，如在太阳底下看书，或是台灯的光线过于明亮。也不要让孩子躲在被窝里看书或写字，这样看书不能坚持足够的照明度，眼睛和书本往往靠得很近，并且左右眼的间隔不均衡，容易造成视力疲惫。

3. 减少电子设备

随着社会的发展，电子产品逐步融入人们的生活当中，手机、电脑等产品现已经成为每个家庭甚至是孩子的标配了。有些孩子一到周末或放假时间，沉迷在手机、电脑游戏或娱乐软件当中，有的甚至偷偷拿手机躲在被子里玩游戏，长时间使用会对眼睛造成很大的伤害，电子产品的辐射和蓝光对孩子都有影响，尤其是小学生当前还处于发育的成长阶段，更应该注意保护。现代社会不能完全禁止玩电子设备，但是家长可以给孩子规定时间，如只在周末或放假玩，每次只能玩 30 分钟等。

三、科学健康用耳，定期检查听力。

1. 抵制听觉疲劳

人耳听到的音量是有限制的，当听到的音量超过 85 分贝时，时间较长可造成听觉疲劳；当音量高达 110 分贝以上时，严重者还会造成不可恢复性听力损伤。而日常中耳机的音量输出一般在 84 分贝左右，如果加大音量有些可达到 120 分贝。这样的音量长时间持续会造成听力衰退，严重的会出现永久性耳聋和神经衰弱。因此，减少戴耳机的次数和时间，即使要戴，也要控制时间，抵制疲劳。当出现一些耳鸣、耳痛、耳胀等问题时，应及时寻找医生帮助，日常中也要定期检查听力。

2. 及时清洁耳机

有研究发现，入耳式耳机佩戴一小时，细菌比之前繁殖了近 5 倍，耳塞式耳机佩戴一小时，细菌比之前繁殖了近 3 倍。多么令人惊讶，试想如果不定期给耳机进行清洁，细菌的滋生可能会引发一些耳朵感染，由此将会极大地破坏孩子的生活。因此，孩子每天使用耳机时间最好不要超过 1 个小时，每次用完之后也要及时清洁耳机，保证卫生干净。

3. 教导用耳知识

孩子还处在学习知识的阶段，很多事情需要父母教导。父母应教导儿童一些用耳知识，如不要在肮脏的水域游泳，里面存在很多细菌，可能会污染耳朵。平时不要乱塞东西入耳。孩子都有好奇心，可能会将一些细小的物件塞入自己的耳朵中玩耍。不要在嘈杂环境下用耳机听音乐，嘈杂环境下可能会不由自主调高音量，损伤听力。除了教导之外，家长也要做好榜样，对孩子言传身教。

学以致用

在了解了小学生保健的相关问题之后，让我们仿照学校的作息也来制定一个表格，和孩子共同完成周末的作息时间表吧。

	时间	计划	总结
早上			
中午			
下午			
晚上			

第 25 课　　阳光运动

现场直击

案例一

"小阳，我们去叔叔家果园玩，好不好？"妈妈说。

"我不想去，叔叔家果园没有网络。"小阳边玩手机边说。

"你可以不玩手机吗？"妈妈有点生气了。

"不成，不玩手机有什么好玩的呢？"小阳懒洋洋地回答。

"在叔叔家果园里有很多东西玩，一定要玩手机吗？再玩我就把你的手机没收！"妈妈这时真的生气了。但是，小阳还是一味地玩手机，打着游戏，也不理他妈妈了。

案例二

"吃饱就躺在沙发上，对身体很不好的，不出去运动一下？"浩辉一吃完午餐，妈妈又唠叨他了。

"这样子不舒服吗？天气这么热，出去动一动就全身汗了。"浩辉躺在沙发上有气无力地回答着。看着浩辉，12 岁的年龄，40 岁的身形，挺着大大的肚子，妈妈又说："小辉，你不去动一动，你就越来越胖了！"

"我不去，动一动又很累了！我躺在这里，打打游戏机、看看电视，不舒畅吗？"浩辉理直气壮也说。

"再不出去，我就把家里的网络关掉，去不去？"妈妈开始强硬起来了。

"你关就关，我大不了就睡觉了。"浩辉一副死猪不怕热水烫的样子。妈妈很气愤，又很无奈，看着浩辉的样子，直摇头！

案例三

"宝贝，今天去打一会儿排球，好吗？"小红妈妈又想方设法地想带她出去活动一下。

只见小红拿着手机边玩边吃着零食，头也不回地说："不想去，打一会儿就全身汗水了！"

"出一下汗就很舒服了，快点，我们和爸爸一起去。"妈妈又劝小红去。

"就是不去，我要和同学玩游戏，你们去吧！"小红有点急了。

"那么，我们去汇一城玩滑冰好吗？这样就不会太多汗。"妈妈又变着法子想带小红去运动一下，她已经放假一个星期，都没有出过门，该到外面活动活动了。

问题聚焦

孩子的运动兴趣是需要家长培养的，不同年龄段的培养重点也是不同的。3~6岁以粗大动作发展为主、精细动作发展为辅；7~12岁注重运动多样性和丰富性，重点培养运动兴趣；13~17岁可以选择一两项运动进行专项练习。通过家庭引导，让孩子爱上运动：父母要以身作则；将运动融入家庭生活；兴趣引导，任务驱动；帮助孩子了解运动知识；指导孩子科学地锻炼。

具体而言，家长在为孩子安排运动时，要关注不同年龄段的特点。

3~6岁：基础运动技能期

运动能力和特点：3~6岁的孩子，主要是以粗大动作发展为主、精细动作发展为辅。粗大动作发展的内容，主要为位移技能，如跑、跳、爬；控制技能，如扭转、弯身等；操作技能，如投掷、接、踢、挥击等。同时可以把基本动作加以组合，形成复杂的"运动技能"，从而挑战不同环境和解决不同问题。运动神经和大脑运动中枢的发展在这个阶段尤为突出。

这个阶段，挑战、游戏和故事情节，是吸引孩子运动的主要因素。孩子每成功挑战一个新环境或新问题，都将为其解决下一个问题建立信心，让孩子体验大量的"成就感"非常重要。

7~12 岁：多项运动期

运动能力和特点：7~12 岁的孩子运动能力持续发展，理解力逐渐提高，能感受到有规则的体育运动带来的竞争快乐，真正爱上运动，并能自觉地开展运动技术的训练。

这个阶段要重视运动的多样性和丰富性。切记不要过早专注于一种运动，以避免因单调磨灭孩子的运动兴趣，同时降低单一运动造成的运动磨损和伤害风险。

13~17 岁：专项运动期

运动能力和特点：13~17 岁的孩子肌肉力量、骨骼强度开始显著增强，使其爆发力、速度、耐力得到快速增长。

这个阶段，大部分孩子对自己的运动能力和潜力有了基本了解，可以开始选择一两项运动进行专项练习。从小培养孩子的运动兴趣，将孩子的注意力从其他方面吸引过来，这样对孩子的身心健康很重要。

专家支招

第一点，避免养成懒惰的习惯。

各种各样的电子产品丰富了小孩们的娱乐生活，家长们应该警惕孩子过分沉溺于电子游戏与娱乐，让孩子们不过分贪恋于安逸的生活，以至于养成懒惰的习惯，不喜欢锻炼身体。

第二点，引导孩子体会运动的快乐。

不管是在学校生活当中，还是在家庭生活中，大人们一定要注意诱导孩子们了解各种常见运动的基本知识，积极参与到小孩们相互嬉戏的快乐当中，切身体验到运动所能给身心带来的乐趣。通过这样的措施，能够让孩子们更加积极地参加一些户外运动，享受大自然。

事实证明，只有体会到运动所带来的身心的愉悦感，孩子们才会更加乐于参与到各种各样的运动当中。

第三点，父母多参与到孩子的活动当中。

很多时候父母觉得孩子不怎么喜欢运动，可能是没有观察到在学校或者是其他地方孩子们的交往情况。而且父母的行为往往会对孩子们产生深刻的潜移默化的影响。如果父母能够多多参与一些户外运动，并且以鼓励的话语来引导孩子们体验到动手实践的乐趣，可能原本不爱热闹的孩子也能慢慢地享受各种活动的乐趣。

第四点，鼓励孩子们多与其他小伙伴儿进行交往。

有些天性比较害羞的小孩，在与别的玩伴接触的过程当中总是羞涩于表达，不习惯做主动的那一方。父母们就应该多多鼓励小孩勇敢去尝试，避免养成过于内向的性格。

父母可以主动引导小宝贝们参加一些集体性的项目或者活动，这既可以从小培养孩子的团队精神，又能够解放孩子的天性，培养外向乐观勇于探索的精神。

第五点，注重培养孩子的好奇心。

孩子们其实对于外面的世界总是充满了各种各样的奇思妙想与好奇心的。家长与老师所应该做的就是要激发他们的这种天性，鼓励他们多多思考，观察生活中一些有趣的现象并加以解释。

天马行空的想象力往往更能够激发孩子的创造性。在生活与学习过程当中，让孩子们能够更加勇敢地去接触，去尝试一些新鲜的事物，放手让他们积极探索自己感兴趣的事情，在这个过程当中，会激发孩子们对于这个世界产生积极认知的欲望。

第六点，不要过分溺爱小孩。

孩子们其实是具有非常大的可塑性的，在当前阶段他们可能表现出不爱热闹的性格，但是在潜移默化的影响过程中，性格也是能够慢慢得到发展的。这就需要家长千万不要过分宠爱小孩，要注意引导宝贝们去勇敢尝试一些他可能不熟悉的活动。

学以致用

一、动起来，更健康

和孩子一起参加运动，不但能使孩子身心健康，而且活动多的孩子大脑前区神经更活跃。请你和孩子一起运动，和孩子一起交流一起成长吧！

运动项目推荐		
项目名称	年龄段	简介
跑、跳、爬、跳绳、踢键子、投篮、踢足球	3~6 岁	3~6 岁的孩子，主要是以粗大动作发展为主、精细动作发展为辅。粗大动作发展的内容，主要为位移技能，如跑、跳、爬；控制技能，如扭转、弯身等；操作技能，如投掷、接、踢、挥击等。同时可以把基本动作加以组合，形成复杂的"运动技能"，从而挑战不同环境和解决不同问题。运动神经和大脑运动中枢的发展在这个阶段尤为突出
游泳、跑步、打乒乓球、羽毛球	7~12 岁	理解力逐渐提高，能感受到有规则的体育运动带来的竞争快乐，真正爱上运动，并能自觉地开展运动技术的训练。这个阶段要重视运动的多样性和丰富性。切记不要过早专注于一种运动，以避免因单调磨灭孩子的运动兴趣，同时降低单一运动造成的运动磨损和伤害风险
跆拳道、击剑、短跑、足球、篮球、排球、瑜伽、长跑、骑自行车、滑雪	13~17 岁	13~17 岁的孩子肌肉力量、骨骼强度开始显著增强，使其爆发力、速度、耐力得到快速增长。这个阶段，大部分孩子对自己的运动能力和潜力有了基本了解，可以开始选择一两项运动进行专项练习

二、每月一"动"，陪伴成长

亲子活动可以拉近父母与孩子的距离，提高孩子的心理健康水平，确立良好的亲子关系。请你每月策划至少一次亲子活动，用实际行动陪伴孩子，让孩子健康快乐地成长吧！

运动打卡		
运动项目	孩子	父母
孩子给父母的一封信		
父母给孩子的一封信		

第 26 课　青春卫生

现场直击

案例一

"铃铃铃"，闹钟响了很久，小雪只是眼皮动了一下，又迷迷糊糊睡了过去。

"快起床啦，再不起床你就要迟到了！快点，妈妈给你准备早餐。"小雪极不情愿地起身，收拾好自己，站在镜子旁一看，不知道什么时候自己脸上长了一颗好大的痘痘。"哎，好丑啊！怎么办？"她摸了摸自己的脸长叹一声。小雪抬起头看了看时钟，糟糕，快迟到了，她赶紧冲出房间，背起书包就走。

"你还没吃早餐呢，吃了再去。"妈妈对着她大声喊道。

"我不吃了，来不及了，都怪你！你怎么不早点叫醒我啊！"小雪怨道。

"你看你，整天就知道睡懒觉，还老是忘东忘西，丢三落四，让我给你送东西，自己没养成早睡早起的习惯，现在又来赖妈妈。"小雪妈妈说道。

"好好好，真啰唆，别管我了，我不吃早餐了！"小雪不耐烦地说道，头也不回地出了家门。

"哎呀，这孩子真是不听话！又不吃早餐！"妈妈自言自语道。

小雪来到学校，看到坐在自己对面的小林，情不自禁地多看了几眼。这个学期开始，小林突然长高了很多，也更帅了。小林跟她说话的时候，她会很开心甚至会脸红。她也不知道自己怎么回事。晚上回去，她偷偷把自己的心事写进了那一个小本子里。第二天，小雪的妈妈打扫卫生的时候，发现了放在角落里的小雪的日记本。最近女儿奇奇怪怪的，看看也没什么吧！没有犹豫，小雪妈妈迅速打开女儿的日记本看了起来。

案例二

小峰是班里的学霸，从来没有担心过自己的学习，爸爸妈妈学历有限，基本没有辅导过他。今天，他又是一个人回家，爸爸妈妈上班忙，很晚才回来。

写着作业，他放下手中的笔，拿起旁边的一本课外读物，津津有味地读了起来。不知道过了多久，门外响起了爸爸的手机铃声。

他放下书拿起笔快速写起来，爸爸走了进来，问道："小峰，作业做完了吗？"唉，又是这句话，小峰面无表情地摇摇头，埋头去继续完成作业。

过了很久，只听一阵踢踏声，妈妈也回来了。只见妈妈手里捧着一杯热水，说道："儿子，作业做完了吗？来，先喝杯水。"

又是这句话，小峰终于忍不住了，站起来向妈妈吼道："作业做完了吗？作业做完了吗？你们除了这句话还会说什么？"

说完小峰把妈妈推出了房间，随之而来的是一声"巨响"的关门声，留下站在门外一脸无措的妈妈。

案例三

小兰刚上六年级，今天早上第三节课是体育课，她感觉到自己的下腹胀胀的，有一点点痛，她以为是肚子不舒服也就没太在意。

"啊，小兰，你怎么了？屁股那里有好多血啊！"旁边的小英惊讶地喊道。周围的同学听到声音也围了过来，有些男同学也好奇地盯着看，一时间操场里议论纷纷。

小兰看不到，只能焦急地说道："我也不知道啊，我是不是生病了啊，怎么办？"

"没事，我带你去班主任那里，老师肯定有办法的。"小英说道。

班主任看了情况，笑了笑说道："没事，放心，你只是长大了而已！"

小兰和小英听了还是一脸懵懂的样子，看来她们的父母并没有给她们传授相关的知识。班主任只好给她们简单讲解了一下，并给了小兰一片卫生巾。小兰扭扭怩怩地接了过来。

问题聚焦

青春期是指由儿童逐渐发育成成年人的过渡时期。世界卫生组织规定青春期为13~19岁。由于现在的孩子普遍存在早熟的现象，一般在小学高年级就开始进入青春期早期这个阶段。这个过渡期对于家长来说既是欣慰又是煎熬，对孩子来说既是充满快乐激情也是充满矛盾烦恼的一个特殊时期。从上面的3个案例，不难看出青春期的孩子与父母存在以下问题。

一、孩子身体快速成长，心理复杂多变

小学高年级的孩子已经是进入青春期早期的少男少女，面临着生理和心理的双重变化。青春期的快速生长发育，被称为青春期急速成长现象。例如男孩子的快速成长从 10.5 ~ 14.5 岁开始，在 14.5 ~ 15.5 岁左右达到顶峰期，以后逐渐减慢，到 18 岁左右时身高便达到充分发育水平，体重、肌肉力量、肩宽、骨盆宽等也都得到增加，开始出现遗精现象。女孩子在身体上的变化除了身高体重的迅速增长，生殖器官也逐渐成熟，出现月经等。案例一的小雪开始长痘和案例三的小兰开始来月经就是身体快速成长的表现，但是由于父母没有提前做好相关的引导，孩子难免产生焦虑甚至恐惧，影响学习和生活。身体及性的发育，对孩子的心理特征也产生了重要影响。一般来说，青春期的孩子心理主要表现为各种矛盾性。一是独立性与依赖性的矛盾，他们一方面觉得自己长大了，不需要父母了，却又碍于没有独立的资源，不得不依赖父母。二是自我意识与渴望关注的矛盾，他们既不愿意向别人透露自己的秘密，又渴望别人能够关注自己理解自己。案例一的小雪喜欢小林，渴望得到小林的关注但是又不敢表露出来，只能把自己的心事写进了日记本。三是冲动性与自制力的矛盾，一方面他们自己长大了，自我控制的能力增强了，另一方面又冲动易怒，情绪变化大。孩子们正是在这些矛盾冲突中，完成了自己初步的塑造。

二、父母缺少陪伴理解，距离逐渐拉长

在孩子的品质、人格、价值观方面，父母的教育影响往往更直接。而父母总是以工作忙为借口而忽视了孩子的生理心理等各方面的问题。工作固然重要，但孩子需要的是父母的爱和陪伴，尤其是青春期的孩子更渴望被人关注理解。当他们需要向父母倾诉或者寻求帮助的时候，父母却不在身边，两者缺乏沟通，这就导致孩子的内心更加敏感孤僻，缺乏安全感，久而久之，孩子的心里就有一种自己被父母抛弃了的错觉，孩子与父母的距离也在逐渐拉长。案例一中小雪妈妈偷看小雪日记毫无疑问是一种不尊重理解孩子的行为，处理不慎很容易导致母女关系不和。案例二中小峰的父母工作很忙，小峰长期缺少父母的陪伴，父母不了解小峰的心理诉求，没有给孩子真正需要的东西，他把妈妈赶了出去，母子之间的关系也陷入僵局。面临孩子生理心理的双重转变，父母若不能意识到这种变化，并改变自己与孩子的沟通交往方式，增加与孩子相处的时间，那么亲子的情感隔阂必然加重。

三、父母忽视心理教育，缺少观念与方法

孩子心理问题愈加复杂多样，心理教育不应该只成为学校教育的重要内容，也应该成为家庭教育的一部分。而现在很多父母只关注孩子的学习成绩，一味满足孩子物质层面的需求，却忽视了孩子的心理健康。而有些父母有意识对孩子进行心理教育，却苦于没有方法，缺乏心理健康知识，或是教育方法陈旧，缺乏教育观念。案例三中小兰突然来月经后，不知道该如何应对，甚至还不知道这是青春期的身体必然变化，说明她妈妈并没有对她进行相应的青春期卫生知识教育，并针对这种变化进行相应的心理教育。有的家长对孩子青春期出现的叛逆、网瘾束手无措就在于家长们缺乏青春期心理教育的观念和方法，不会提前对他们打"预防针"。

专家支招

孩子的成长就如一棵树，需要阳光雨露，还需要除草杀虫，但最重要的就是遵循其自然成长规律。对青春期的孩子我们不能放任不管，也不能

握苗助长，而是要掌握孩子的身心发展特点，并采取相应有效的教育方式，去促进孩子的身心发展，帮助孩子走向正确的人生轨迹。那父母应该怎样引导青春期的孩子呢？

一、学习提升，掌握青春期教育的方法

父母作为孩子的第一任老师，必须不断学习与提升，掌握必要的青春期教育的知识和方法，更好地引导孩子进行青春期的生理保健与心理健康。一是要多看家庭教育类的书籍与杂志，尤其是孩子的青春期卫生健康知识书籍和青春期的心理书籍等，男孩子还没出现遗精、女孩子还没出现月经这些生理特征前，就应该提前将这些知识传授给孩子；当孩子出现这些情况时，父母要做的便是给孩子建议，给予青春期生理保健，帮助孩子顺利解决问题，避免孩子产生焦虑，影响学习和生活。二是定期参加学校或者社会举办的青春期心理健康知识讲座，学习相关的心理学原理，并向其他有经验的家长学习取经，用恰当的方法做好青春期孩子的心理调适。三是要多尝试新鲜事物，对于一些潮流的尤其是孩子感兴趣的事物，例如动漫、流行音乐、电影、美食、抖音娱乐等不要急着下结论，不妨自己花点时间感受下，也许会有不一样的看法，这对于父母理解孩子、站在孩子的角度想问题也是有帮助的。一个高高在上的父母就不如做一个接地气的父母，使孩子更愿意亲近父母，更愿意说心里话，更能得到及时的引导与帮助。

二、尊重理解，进行积极有效的陪伴

孩子进入青春发育期后，无论是性格还是行为都发生着巨大的变化。他们说话不再像小时候那样乖巧，他们总是会反驳父母以证明自己说得有道理或者自己没有错。他们变得非常敏感，别人的一个眼神、一个动作都会引起他们情绪的波动。很多父母都不知道该如何开口与孩子沟通交流，很是苦恼。

俗话说："人敬我一尺，我敬人一丈。"人与人相处就是要互相尊重理解，这样才能建立良好的人际关系。亲子之间同样需要相互尊重与理解，如果父母以前对孩子是粗暴的指责打骂，应尽快转变自己的教育方式。青春期孩子的自我意识在发展，他们在慢慢成为一个独立的人，有了自己的

思想和主张，他们希望看到父母的尊重理解，而不是一味打骂、埋怨、指责，也不是看日记、偷听电话、偷偷跟踪等侵犯孩子隐私的行为。

　　除了尊重理解，孩子还需要父母高质量的陪伴。高质量的陪伴，就是要求双方都投入到亲子关系中，有良好的互动，并且从中有所收获。很多父母做不到高质量的陪伴，不是放不下手头的工作，就是放不下手上的手机，或是放不下麻将台上的麻将，总是不能认真地陪伴孩子，跟孩子好好聊聊天。有的父母会认为孩子都长这么大了，还需要我们陪伴吗？当然需要，尤其是青春期的孩子更需要，有效的陪伴不是要求我们时时刻刻都陪在孩子身边，而是父母愿意花时间专心陪伴，提高陪伴的质量。父母可以耐心倾听孩子的话语，把跟孩子聊天变成一种习惯；家里的大小事一起面对一起做，例如一起做家务，一起招待客人，一起读书，一起讨论新闻，等等；注重生活仪式，一顿晚餐、一个蛋糕、一本书等这些细小的礼物足以让孩子感受到父母的关爱。生病时的一句"多喝热水"比起直接把水倒在孩子面前显得更苍白无力，孩子需要的是父母的行动和陪伴。

三、鼓励信任，保持客观公正的评价

　　我国实施素质教育已经很多年，但是不少父母的思想还停留在应试教育层面。孩子考得好就表扬，考得不好，轻则指责埋怨，重则粗暴打骂。父母要学会欣赏孩子，善于发现孩子身上的闪光点，不要把成绩作为评价孩子的唯一标杆。鼓励为主，批评为辅，只有经常鼓励孩子相信孩子，才能提高孩子的自信心。青春期的孩子正是渴望关注理解的时候，父母的鼓励能够让孩子具有更高的心理水平，激发他们的学习热情，孩子的进步就在父母的一次次鼓励和信任中。

　　父母还要客观公正地评价孩子，做得好就应该及时表扬，做错事了就要批评教育，不偏差，不包庇，不拿孩子跟别的孩子进行对比，不带着偏见去评价和要求孩子。肯定孩子付出的努力，就是父母给孩子最好的鼓励和信任。

学以致用

青春期的孩子都具有自我封闭与渴望关注的矛盾，自我世界的成长导致孩子不大愿意跟父母交流，但是他们又渴望父母的关爱理解。请你给青春期的孩子写一封信，把你的心里话传递给孩子吧！

给青春期儿子（女儿）的一封信

亲爱的孩子：

今天是你十二岁的生日，我们真心地祝你生日快乐、身体健康、学习进步。从今天起，你将告别你的少儿时期，迈出青春的第一步，走向明天，拥抱未来。

春天是一年中最美好、最绚丽的季节。青春时期犹如人生的春天丰富多彩，经历过的我们认为：青春是人生最重要的时期，它为自己书写这一生的历史起着至关重要的作用：是人生途中划过的重要轨迹。

关于身体：

青春期是人的一生中身体迅速生长发育的关键时期，你的身高、体重正在迅速增长，身体各脏器功能趋向成熟，特别是随着生殖器官的发育，你将会出现遗精（月经），这是非常正常的现象……

……

永远爱你的：

年　　月　　日

第 27 课 学会交往

现场直击

案例一

"啊……啊……哥哥抢我的玩具枪。"四岁的小弟弟哭着说。

"小豪！你是哥哥，怎么还在跟弟弟抢玩具呢？"妈妈闻声赶来，不满地说。

"这是我生日时爸爸送给我的，是我最喜欢的礼物！"小豪提高了语调说道。

"就算是爸爸买给你的，借给弟弟玩一会儿就还给你嘛。"妈妈不高兴地说。

"不行就是不行，这玩具是我的，凭什么让我给他玩？"小豪大声嚷道。

妈妈被彻底激怒了："你到底给不给？"

小豪把玩具枪死命护在胸前，坚决地说："不给！就是不给！"接着一屁股坐到地上撒野，把地上的积木玩具踢得到处都是。

案例二

"小杰，快点过来！东东今天带来了一个新的拼图玩具。"明明激动地说。

大伙一听，都被这个新玩具所吸引，大家聚在一起你拿一块我拿一块开始尝试拼图。

小杰依然静静地坐在位子上发呆。

明明走过来,在他眼前挥了挥手:"傻愣什么?过去一起玩拼图呀。"

小杰脸色表情始终如一,说:"我不过去了,你们玩吧。"

小杰,原本是一个活泼开朗的男孩。5岁时,父母离异后一直由60多岁的爷爷奶奶带着住在一间50多平方米的出租屋里。不知什么时候开始,小杰变得不爱说话,性格越来越内向。

案例三

下午放学后,小达、小文、小超三个人背着书包一起往篮球场走去。

"小达,你看看,在4号篮球场打篮球的那个是隔壁班的矮胖子吗?"小文着急地问。

"没错,就是他!"小达肯定地说道。

"冤家路窄,上次打篮球他竟然敢霸占我们的场地,这次让我碰到了,我绝不饶他!"小文生气地说。

"小文,算了吧,多一事不如少一事。"小超轻声地说。

"算了?不行!小超,你去4号篮球场把他的书包给我拿过来藏到足球场那边的花坛里。"小文愤怒地说。

小超一听,顿时愣住了。

"怎么?不敢?还亏你自称我们三人是桃园三结义——生死之交,这一点点事情都不愿意帮忙,我白认识你这个朋友了。"小文生气地说。

小达在一旁劝道:"小超,这也不是多大的事,这都不敢,那你以后别跟我们一起玩了。"说完拉着小文就要走。

小超万般无奈,只好不太情愿地说:"唉,我这就去。"

问题聚焦

当今社会,是人与人沟通的社会,一个人在这个社会上缺少不了的就是和别人交往。每个父母都希望自己的孩子能与其他小朋友友好地相处,然而现在不少孩子却不能很好地与他人交往。从上述的三个案例我们不难看出，引起孩子交往问题的主要有以下几方面的原因。

一、父母过度溺爱，造成孩子过于自我

有些父母对孩子过分疼爱，孩子很容易以自我为中心，别人有的东西我也要有，我的玩具不想给别人玩。案例一的小豪因为平时父母过分娇宠溺爱，所有人都得迁就他。久而久之，孩子便养成了唯我独尊的习惯，于是当他与别的孩子相处时根本就不懂得尊重别人，不懂得关心别人，在别人面前表现得十分骄蛮任性，让人无法接受和靠近，从而使他失去了许多交朋友的机会。

还有的父母对孩子采取了一些不必要的保护，他们对孩子的外出处处不放心，总怕孩子和别人在一起会吃亏受欺负，于是就喜欢把孩子关在家里，即使允许孩子出门也会陪伴左右。在这种环境下长大的孩子由于缺少与人交往的锻炼，对新环境的适应能力往往较差，在社交场合经常会有一些笨拙的举动出现，显得手足无措，而且一旦与同伴之间发生冲突，他便会选择退缩和回避来应对。

二、父母关爱不足，造成孩子性格孤僻

父母的粗暴以及离异等对孩子的人际交往都会产生不良影响。案例二的小杰由于父母离异，缺少父爱或母爱而导致心理失衡，性格变得内向孤僻。作为家长，却没有发现双方离异后给孩子造成了心理创伤，没有及时给孩子进行心理疏导。小杰父母离异后，一直由 60 多岁的爷爷奶奶带着。小杰跟随爷爷奶奶居住在出租屋里，街坊邻里之间的交往越来越少。爷爷奶奶顾及安全问题，也很少带小杰出去玩。小杰从小在一个封闭的环境下长大，没有与其他小朋友相处的经验，平时接触较多的是各种各样的卡通片。在这种成长环境中长大的孩子，性格内向孤僻、固执、敏感多疑，难以与他人相处，难以形成良好的人际关系。

三、父母引导不够，造成孩子交友不慎

益友如良师，有益友相伴，如同与高人为伍，与智者同行，可以在无形中化解困境，扭转逆境。但是，稍有不慎，交到了损友，这很可能会给

人带来厄运甚至是灾祸。案例三的小超原本是一个善良的孩子，正因为交上损友小文、小达，更是为了朋友间的"义气"做了违背自己意愿的坏事情——把隔壁班同学的书包藏到足球场那边的花坛里。当小文、小达让他做坏事时，他又缺乏与人交往的技巧，不懂如何劝阻小文和小达，化解小文与隔壁班矮胖子之间的矛盾。

专家支招

在孩子成长的道路上，交友是不可缺的一环，而玩伴就是孩子最初的朋友。与朋友交往，可以促进孩子自身社会认知和社会交往技能的发展，可以满足孩子的归属感和爱的需要以及尊重的需要，可以培养孩子良好的人格。良好的人际关系，可使工作成功率与个人幸福率达85%以上；一个人获得成功的因素中，85%决定于人际关系，而知识、技术、经验等因素仅占15%。人际交往的重要性不言而喻，那么，父母怎样才能让孩子学会与人交往呢？

一、引导孩子多交益友

"近朱者赤，近墨者黑"。拥有一个好的朋友对孩子的健康成长是很重要的，很大程度上会影响孩子对世界的认知及性格的养成。但孩子年龄小，阅历浅，辨别是非的能力弱，作为父母就要帮助、引导孩子结交良师益友。

父母要告诉孩子，并不是所有朋友都值得交，交朋友，一定要看人品，好的朋友可以在你的身旁随时拉你一把，而交友不慎很可能会在悬崖边推你一把，所以要擦亮眼睛，看清你所谓朋友的本质。人的一生中，朋友不在于数量，要在于质量。同样重要的，也要注意自己的言行，不要让别人把你当作不能交的朋友。

父母要鼓励孩子多交朋友，博采众长，择其善者而从之。只要对方孩子品德好，身上有值得我们学习的地方，不论对方成绩是否优秀，都是值得交往的。比如，有个孩子先天残疾，成绩平平，有时甚至受到他人冷眼相待，但是他为人热情，爱劳动，爱帮助他人，做事主动积极。和他交朋友，就可以学到他乐观向上、助人为乐的精神。

二、营造和谐的家庭氛围

家庭是孩子成长的重要场所，良好的家庭人际环境，有利于孩子与同伴的交往。作为父母，应给予孩子一个充满爱的温暖家庭，特别是单亲家庭，单亲家庭的孩子在性格上多少可能会有一点缺陷，更要多给予一点关怀，经常与孩子一块游戏、娱乐、交心，增加与孩子的语言交流。当然，父母也要注意不能过分溺爱孩子，以免形成孩子以自我为中心的性格。家庭中的大小事，孩子能理解的，应该让孩子知道。适当让孩子参与成人的某些议论，有利于树立孩子的自信心，使孩子敢于与成人交往。

当有亲戚朋友来家里做客时，父母应注意招待朋友的方式和言行，因为父母所做的一切，孩子会看在眼里记在心里。孩子在这种氛围下成长，潜移默化地学会了与人交往的技能。亲戚朋友到家里来做客时，父母还可以提供机会让孩子做小主人，试着让孩子去招呼客人，有意识地培养和锻炼孩子的交往能力。

父母应多带孩子到亲戚朋友家里去玩，也可以让孩子邀请伙伴到家来做客，或者带孩子到公园、小区去玩，还可以与孩子一起外出旅游。鼓励孩子不断适应新环境，扩大接触面，让孩子有机会和各种人交往。

三、教会孩子交往的原则与技巧

父母要告诉孩子与人交往的基本原则。一是尊重原则，与人交往时要尊重别人的生活习惯、兴趣爱好、人格和价值。二是真诚原则，只有诚以待人，才能收获真正的友谊。三是宽容原则，在交往中产生矛盾冲突时，要学会宽容别人。四是平等原则，平等待人就是要学会将心比心，学会换位思考。五是信用原则，言行一致，说到做到，信任别人等。

父母还要教会孩子与人交往的相关技巧。一是善于倾听别人说话，准确地理解和领会别人想要表达的思想，以及说话的目的，从而准确地表达自己的思想，表达自己的观点。二是要学会换位思考，遇到事情时，不妨站在对方的角度去思考问题，从对方角度出发，想想我们这样做了对方会如何想，对此会引发怎样的后果，这样我们就能够想清楚，把事情做到最佳。三是要学会赞美别人。当小伙伴能写出一手好字时，孩子要说："你能写出一手好字，是个名副其实的小书法家！"当看到小伙伴做了好事时，要由衷地赞扬："你是个活雷锋！"教育孩子学会赞美别人，会让他赢得更多的朋友。

学以致用

　　换位思考是人对人的一种心理体验过程。将心比心、设身处地是达成理解不可缺少的心理机制。它客观上要求我们将自己的内心世界，如情感体验、思维方式等与对方联系起来，站在对方的立场上体验和思考问题，从而与对方在情感上得到沟通，为增进理解奠定基础。请你参考下面表格中的案例，引导孩子把他遇到的一次交往冲突进行换位思考。

交往中的冲突	换位思考的步骤		
	第一步：如果我是他，我需要……	第二步：如果我是他，我不希望……	第三步：如果我是他，我的做法是……
我要送全班的作业到老师办公室，可是作业太重了，途中刚好碰到小红同学，我想找她帮忙，但小红却说没时间，匆匆走开了	如果我是小红，我需要在短暂的课间休息时间尽快上洗手间	如果我是小红，我不希望因为别的事情耽误上洗手间，导致下节课上课迟到被老师批评	如果我是小红，我的做法是拒绝同学的帮忙请求，立即上洗手间
我在交往中遇到……			

第28课　生命护航

现场直击

案例一

小思是班中的班长，平时在班中对那些单亲家庭的同学不是很友好，总是认为这些同学不是好孩子，不应该与他们在一起上课。

周六，班里组织一部分同学去单亲家庭慰问，小思作为班长，要带头跟这些单亲小朋友一起互动，唱歌玩耍。但是，当来到单亲家庭小于的家中时，小思看到家中只有奶奶与小于相伴。

这个孩子向小思问道："姐姐，有爸爸妈妈的疼爱是什么感觉？"

小思听到后不知该如何回答，只能默默地与小于互动。

随后小于为感谢小思他们的到来，为大家唱了一首《感恩的心》。

小思听后，眼中的泪水不停地打转。

自从慰问回来之后，小思变得十分友善，对待班中单亲家庭的同学也不再那么充满敌意，常常与他们一起上学玩耍。

案例二

晚上放学后，小朱一回来就一声不吭地走进自己的房间，心情很不好的样子。妈妈觉得不放心，便非常担心地走进小朱房间，拍拍她的肩，问道："小朱，你怎么了？"

小朱低头回答："没什么，就是心情不好。"

妈妈觉得不对劲，把旁边的凳子拉过来坐在她旁边，说："有什么事情可以跟妈妈说说。"

"真的没什么！你出去吧！"小朱心情焦躁地说。

妈妈一听女儿要赶她出门，也开始有点生气了。

"你怎么回事？妈妈过来关心你，你就对妈妈这个态度吗？"

"我不用你管！说了你也不会理解我！你跟老师一样，就只会批评我……"小朱激动地说。

"那你做错事情我当然会批评你啊！"妈妈没等小朱讲完，就开始反驳她的话语，"妈妈难道还不能批评你了吗？"

"……你看，你就是这样的，总觉得自己对，一点都不知道我在想什么。"小朱平复了一下心情，对妈妈说道，"你出去吧，让我一个人待着，你不用管。"

妈妈出了小朱的房门，只好心疼又自责地走开，心里干着急。

案例三

暑假的某天晚上，刚刚出门玩耍回家的乐乐突然跑到妈妈面前说："妈妈，今晚我不在家吃了，给我一点钱，我要跟朋友出去吃饭。"

妈妈看着乐乐，问道："怎么又要出去吃？你才刚回来，我都把你的饭煮啦！"

"可我不想在家吃！我要跟朋友在外面吃！"乐乐倔强地回答，毫不让步。

妈妈看儿子坚定的眼神，心中无奈，只好给乐乐一百元零花钱。

乐乐拿到钱后，一句话也不说，兴冲冲地跑出家门，独留下妈妈看着他远去的背影。

晚上九点多，妈妈给还没回家的乐乐打电话："怎么还不回来？太晚了不安全！"

乐乐不耐烦地回答："好好好，知道了！我再玩一会儿就回去！"

一直等到晚上十点多，乐乐才回到家，妈妈松了一口气，终于放心了，不禁劝道："以后不能这么晚还在外面玩，很危险的！"

乐乐手上的手机还在显示游戏中，还在跟朋友们连线打游戏。他漫不经心地边回答边走回自己房间："知道了知道了，不要唠叨了……"

留妈妈一个人生气无奈地待在那儿。

问题聚焦

一、学校引导的错漏

案例一中的小思时常会对单亲家庭的孩子充满敌意，认为单亲家庭的孩子不是好孩子，而小于的一首《感恩的心》将小思感动，也消除了小思对单亲孩子的偏见。小思对单亲孩子的偏见，不管出于什么原因，作为教师应该及时发现，及时解决，而不是让小思与单亲孩子接触后自己去感悟。

二、家庭教育的不足

案例二中的小霞父母与孩子的沟通方式主要以批评教育为主，以致小霞在学校受了委屈也无法放下心结面对前来关心的妈妈，并形成了自我消化的心理习惯模式。研究表明，只有在关系和谐的家庭状态下，父母才有对孩子实施教育的可能。案例三中的乐乐则是没有尊重父母的意识，面对温柔的母亲直截了当地提出要求和不满，家庭让乐乐缺少规则意识，沟通效果甚微。家庭教育不仅需要对孩子未来的发展做出引导，更重要的是对人生观和价值观做出正确的指引。

专家支招

一、优化社会导向

生命的意义在于其可以被所有人接纳，同时也会接纳任何人，生命没有好坏之分，每个人对于生命的理解也不一样。

基于此，要优化社会的导向，对孩子加强正确的价值观引导，多宣扬敬畏生命、为生命护航的典型事例，促使孩子树立正确的价值取向。多开展走进单亲家庭以及敬老院这样的活动，以实际行动让孩子懂得生命的真正价值，让孩子懂得为生命护航的意义。

二、加强家庭教育的成效

孩子观念的养成有一部分来自家庭的引导，因为父母的一言一行都会影响到孩子的认知，因此，在父母发现孩子有不良的认知时，应及时进行有效的引导。

首先，要加强家庭教育的成效，家长要提高自身对于价值观的认知，然后再对孩子循循善诱，纠正其不良的价值取向，多让其观看一些亲民的新闻，以及改善价值取向的书籍，为其树立正确的价值观，使其看待一个人应该是从其内心去看。以此，推动孩子转变观念，认识到每一个生命个体都值得被尊重，都需要被护航。

三、案例小结

孩子在小学阶段对于外界正处于探索并且形成认知的阶段，同时认知的形成也很容易受他人的态度影响，比如父母亲人、电视媒体，等等。在家庭沟通中，尤其要注重理解与尊重孩子，避免发生肢体冲突。沟通的前提是要放下对与错，家长如果能够做到这一点，首先就营造了一个平等温馨的家庭交流氛围，孩子就会愿意沟通。沟通时父母必须付出真心和真情，人与人交流，唯有真情才能让人感动，与孩子交流也不例外。

美国诗人诺尔蒂写过这样一首哲理诗：挑剔中成长的孩子学会苛责；吵闹中成长的孩子学会争斗；讥讽中成长的孩子学会羞怯；羞辱中成长的孩子学会自疚；宽容中成长的孩子学会忍让；鼓励中成长的孩子学会自信；赞扬中成长的孩子学会自赏；公平中成长的孩子学会正直；支持中成长的孩子学会信任；赞同中成长的孩子学会自爱；友爱中成长的孩子学会关爱。父母的沟通方式间接地决定了孩子的沟通方式，因此，孩子所处的外部环境对于其形成对世界的正确认知，塑造正确的世界观、人生观和价值观具有重要影响。

学以致用

一、读品德故事，培养积极的价值取向

请家长挑选一本喜欢的书籍（下表中推荐的书籍供参考）和孩子一起阅读并填写亲子阅读卡，每周填写一次。

"读品德故事，培养积极的价值取向"亲子阅读书目推荐

书名	作者	简介
《爱的教育》	埃迪蒙托·德·亚米契斯	是一本日记体的小说，写的是一个小学四年级学生安利柯一个学年的生活，内容主要包括发生在安利柯身边各式各样感人的小故事、父母在他日记本上写的劝诫启发性的文章，以及老师在课堂上宣读的精彩的"每月故事"
《放牛班的春天》	克里斯托夫·巴拉蒂	这是一部电影，讲述的是一位怀才不遇的音乐老师马修来到辅育院，面对的不是普通学生，而是一群被大人放弃的野男孩，马修改变了孩子以及他自己的命运的故事

"读品德故事，培养积极的价值取向"亲子阅读卡

阅读时间	书名	父母的心得	孩子的心得

二、做社会义工，感人生百味

请家长选择参加一个社会义工团体，并带领孩子一起参加活动，填写亲子活动卡，每月填写一次。

"做社会义工，感人生百味"亲子活动卡

时间	地点	人物	事情	体会

第29课　直面挫折

现场直击

案例一

小文从小就表现出了对音乐的浓厚兴趣，因此小文的父母给他报了个钢琴兴趣班。即使初期的基本功练习枯燥，小文也很认真愉快地学琴，自觉地坚持每天练琴。小文的努力和技艺水平常常被钢琴老师肯定和表扬，父母也对小文寄予了很高的期望，在老师的建议下给小文报名了一个国内的钢琴比赛。但由于是第一次登台演奏，小文难免紧张，平时弹得流畅熟练的曲子在台上弹错弹断，失误频出，初赛就被淘汰了。父母大失所望，将比赛失利的原因归结为小文没有好好准备比赛，将小文批评了一番。小文很难过，觉得自己不是学钢琴的料，失去了学钢琴的兴趣，练琴也没有从前那么上心了，甚至萌生了放弃学钢琴的念头。

案例二

小芳读幼儿园的时候，母亲因车祸去世了，为了弥补她幼小心灵受到的创伤和童年时期缺少的母爱，家里人对小芳百般疼爱，有求必应，给她吃好的，穿好的，就算孩子有错，也从来不舍得打骂。小芳上小学时，老师们都对她不幸的经历深表同情，小心翼翼地照顾小芳的情绪，对她的教育几乎都是表扬，很少有正面而直接的批评。在学习和生活方面，对小芳也有很多特殊照顾，各种活动或比赛，只要小芳愿意参加就都让她参加。久而久之，小芳的抗挫折和耐受力越来越差，经不起挫折，受不了委屈，甚至会因为上课举手没被老师叫起来发言而整天闷闷不乐，或者为老师一个批评的眼神而大发脾气。班上的同学们也觉得与小芳越来越难相处，渐渐地就不和她一起玩耍了。

案例三

小李垂头丧气地回到家里，一进家门，放下书包就嚷嚷道："气死我了，以后再也不听刘老师的课了！"

小李的妈妈一听，急忙问道："儿子，怎么了？刘老师讲得不好吗？"

小李愤懑道："老师偏心！不选我，反而去选小吴！论数学，我绝对要比小吴更强！"

小李妈妈回想了一下，就是那个戴着眼镜长得高高的小吴，也是个勤奋好学的孩子。家长会上刘老师特意表扬的几个同学中除了自家儿子，就有小吴的名字。但从上次考试的成绩来看，小吴的分数确实没有小李高……

小李见妈妈一时没有回话，更加生气了，便加大了嗓门："就是那个什么数学竞赛，每个班只有一个参赛名额，老师明明知道班上数学最厉害的是我，却偏偏派小吴去参加比赛！"

"那老师为什么派小吴去参加比赛呢？"小李的妈妈疑惑道。

"老师说什么要公平公正，就搞了一场选拔考试，出了一套题给我们做，谁得最高分就去参加比赛。我不小心算错了一道题，一下子就扣了6分，要是老师不那么狠心扣那么多分，我的分数就比小吴高了！"

"谁让你粗心算错了呢？人家小吴……"妈妈话还没说完，就被小李打断："那是道简单题，就算这次做错了也没关系，比赛的时候肯定能做对！小吴也做错了题，怎么他扣的分就比我少？还说什么公平，这根本就不公平！"

"好啦好啦，乖儿子，妈妈相信你，你的水平肯定能代表班级去参加比赛。待会儿我就给老师发个微信问问去，老师一定是哪里搞错了。"小李的妈妈一边不满于刘老师对小吴的"偏心"，一边安慰自尊受挫的小李。

问题聚焦

人生不会总是一帆风顺，在达成期望、实现理想的征程中，困难与障碍是在所难免的。即使是人生经历短浅、缺乏生活经验的青少年，也会遇到各种各样的挫折。但挫折是把双刃剑，一方面，它可以磨炼孩子的意志，培养孩子的毅力，增强孩子的勇气，是强者成功之路上的垫脚石；另一方面，它也是一种挑战和考验，会使得受挫人颓废丧气，消极痛苦，甚至可能从此一蹶不振，是弱者成长之路上的绊脚石。上面的三个典型案例非常生动形象地反映了不少孩子在挫折面前采取消极的态度，没能勇敢地直面挫折，反而被挫折所打败。通过分析案例，不难发现引起上述问题的原因主要有以下几个方面。

一、父母期望过高，导致孩子缺乏信心

现代社会竞争激烈，许多父母都希望孩子"赢在起跑线上"，望子成龙、望女成凤的迫切心理使得父母对孩子的期望值过高，既要求孩子学习成绩优秀，又给孩子报名各种兴趣班，既不关心孩子是否真正感兴趣，也不关心孩子的心理状态是否健康，只关心孩子的分数高低和奖牌多少。当没有取得理想结果时，有些父母也不考虑实际情况和具体原因，一味责备批评孩子。这样的教育方式，使得孩子背负着过重的压力，长期处于紧张的精神状态，压力将挫折带来的负面影响成倍放大，若无法将压力排解和释放，孩子则很容易被挫折击垮。

案例一中的小文，虽然原本对钢琴充满兴趣，但比赛失利使得小文本身就很自责，加之父母不仅没有给予安慰和鼓励，反而火上浇油，严厉责备，导致小文丧失了对钢琴的热爱和信心，面对比赛结果的重挫，想要通过放弃学琴来消极逃避困难与挫折。这种不恰当的教育方式，带来的严重后果可能是失败的登台演奏经历会成为孩子难以逾越的障碍，使得孩子走不出失败的阴影，不敢再尝试突破和成长，甚至再也不敢在观众面前表现、展示自己。

二、父母溺爱过度，导致孩子敏感脆弱

当今时代物质条件富足，许多孩子从小在父母的宠爱和保护下，在"蜜

罐"里长大，过着衣食无忧的幸福生活。在舒适安逸的社会环境和娇宠溺爱的家庭环境下，孩子如温室里的花朵，没有经历过逆境的锤炼，得不到正确面对挫折的教育，缺少独立解决问题的能力，往往心理脆弱，一点小小的风浪也经不起，困难或挫折来临时只会想着躲进他人搭建好的避风港，一旦走出了"保护圈"，遇到不顺心的事情便容易情绪失控、意志消沉，更别说付出实际行动来克服困难、战胜挫折了。

案例二中的小芳，虽然缺少母爱，但也从小在家人的宠爱纵容和过度保护下长大，学校里老师和同学们的关照也给了小芳很多"特权"，使得她在学习和生活中都处处顺心顺意，养成了以自我为中心的任性自私的性格。虽然童年的不幸给她带来了一定的伤害，但周围人的过分保护也会给她的未来带来更大的伤害。一旦稍有不顺心，小小的挫折对她而言就是天大的难题，而面对难题她已经习惯了让他人代为解决，没有锻炼的机会，更没有学会如何直面挫折，通过自己的努力去想办法克服难题。

三、父母缺乏引导，导致孩子认知偏差

当孩子遇到挫折时，通常都会第一时间诉诸父母，以寻求帮助和解决困难的方法。而有些父母没有对孩子进行正确的引导和教育，使得孩子过分以自我为中心，放大别人的缺点而忽视自身的缺点，没有树立起正确的输赢观，不能理智客观地看待问题，遭遇失败时不懂得从自己身上找原因，反而将自己的错误推到别人身上。

案例三中的小李，自信满满甚至有点自负，本以为凭借自己的数学能力和一点小聪明，就能稳拿班上唯一的参赛名额，但事与愿违，选拔考试的结果没有达到理想的预期。受到打击后，小李不仅没有反省自己的粗心和自满，也没有意识到自己数学学习方法的不足之处，更是莫须有地指责老师"偏心"，质疑选拔考试"不公平"，瞧不起凭借能力和努力赢得参赛资格的对手小吴。小李没有看见别人的努力和闪光点，不肯坦荡地承认自己的失败，这种对待失败的态度无疑是不可取的，不肯正面承认挫折，也是另一种逃避挫折的消极方式。而小李的妈妈也没有指出小李的不对，反倒一并将矛头指向老师，这无疑默认并助长了小李

的错误思想和认知偏差。

专家支招

孩子尚处于成长阶段，心智尚未成熟，较容易产生挫败感。然而，孩子的心理承受能力和抗压抗挫折能力不是与生俱来的，也不可能短期速成，而是需要父母的正确教育培养，以及适当的逆境磨炼。只有给孩子上好"挫折教育"这一门人生的必修课，才能培养其百折不挠、直面挫折的勇气和意志，为孩子的健康成长和美好将来，打好预防针和强心针。

作为家长，应充分认识到挫折教育的重要性，从观念和行动上改变孩子的"玻璃心"，培养其勇于直面挫折、临危不惧、处变不惊的精神和能力，给孩子带来潜移默化的影响。

一、从观念上直面挫折

1. 适当放手，独立面对

家长首先应该让孩子意识到挫折的客观存在性和战胜挫折的重要性，让孩子明白失败和失意也是人生的常客，是成长路上再自然不过的事情，树立起孩子独立克服困难的信心与观念。其次，家长应该摒弃对孩子的娇宠溺爱，改变事事替孩子包办解决的思想，适当放手让孩子独立面对，教给孩子方法，让孩子学会并亲自实践，从中汲取经验，收获教益。

英国哲学家培根说过："超越自然的奇迹多是在对逆境的征服中出现的。"家长还可以适当地为孩子创造与其年龄、心理相符的挫折情境和锻炼机会，让孩子体验困难和失败的感觉，培养孩子吃苦耐劳的精神，比如让孩子通过劳动换取想要的玩具，与孩子玩游戏时不迁就孩子而让孩子输掉游戏，等等。这样在真正的挫折来临之时，孩子便能保持平常心，迅速调整好情绪，以一己之力想办法战胜挫折。

2. 鼓励安慰，乐观面对

当孩子遇到挫折时，内心脆弱、敏感而痛苦，需要他人的同情、理解和安慰，父母应该首先在情感上予以支持鼓励，而不是打击否定。父母可以先耐心倾听，梳理清楚受挫原因，再肯定孩子所做的努力，告诉孩子困难只是暂时的，阳光总在风雨后，鼓舞孩子采取行动克服难题，或者下次努力超越自己。只有这么做，才能帮助孩子快速重拾起自信心，以乐观积极的心态直面挫折。

还有很多时候，不是孩子输不起，而是家长太想赢。对于这类家长，其实可以根据孩子的实际情况和心理健康状态，适当放松对孩子的高要求、严教育。如果家长给孩子设立过大的目标，报以过高的期许，反而会对孩子造成负担，而孩子若达不到目标，则容易陷入自卑焦虑的泥潭，以悲观消极的态度面对挫折与失败。

3. 合理引导，理智面对

著名教育家陈鹤琴说过："不要担心失败，应该担心的是，因为怕失败而不敢做任何事。"暂时的失败不要紧，重要的是要树立起正确的输赢观，要赢得起，更要输得起。输并不可怕，怕输才可怕。

为了安慰受挫的孩子，一些家长会像案例三中的小李妈妈那样，将孩子的失败原因往外推，一味怨天尤人，而忽视了孩子自身的不足。这种做法是相当不合理的，家长应该引导孩子理智分析失败原因，直面自己的缺点并想办法弥补，只有这样才能教会孩子认清自我，找准定位，尊重并欣赏对手，敢于承认失败并理智冷静地面对。

二、从行动上战胜挫折

1. 以身作则，躬行身教

孩子在少年时期常常会不自觉地模仿，家长的很多言语和行为都会对孩子产生潜移默化的影响，因此，家长的身教与言传同等重要。要使孩子有更强的心理承受能力和抗挫折能力，家长自己要以积极的行为和态度做好榜样，遇到困难时冷静乐观，不轻易将焦虑颓丧的一面展现给孩子。这样，孩子在遇到困难时也会想着父母是怎么做的，继承发扬父母应对挫折的积极态度。

2. 情绪转移，合理宣泄

孩子遭遇挫折和失败时，如果紧张苦闷的情绪得不到宣泄，会影响身心健康。家长可以引导和鼓励孩子合理发泄负面情绪，可以找孩子谈心，引导孩子说出心中的郁结；或者让孩子尽情地大哭一场；或者通过讲故事、角色互换等方式引导孩子调节情绪。

3. 树立榜样，激发上进

古罗马哲学家塞涅卡曾经说过："教诲是条漫长的道路，榜样是条捷径。"好的榜样无疑会对孩子的成长起到强大而积极的作用。在榜样的感染下，孩子能加深对挫折的认识，激发出内在的上进热情。家长自身就是孩子很好的榜样，孩子身边战胜挫折的同学就是很好的榜样。此外，家长可以引导孩子读一些伟人传记，了解中外著名人物中战胜挫折的典型事例，从中汲取力量，比如战胜病残而卓有成就的海伦·凯勒、贝多芬、史铁生等。

学以致用

一、阅读伟人传记，树立先进榜样

请你选择一本喜欢的伟人传记，比如《贝多芬传》《托尔斯泰传》和霍金自传《我的简史》等，和孩子一起阅读并填写亲子阅读卡，每周填写一次。

亲子阅读卡

阅读时间	书名	父母的心得	孩子的心得

二、创设挫折情境，总结应对经验

请你根据孩子的年龄、心理和个性，在安全和适量的前提下，适当地为孩子创造一些挫折情境和机会，并引导孩子总结经验，鼓励孩子进一步努力，填写"战胜挫折卡"，每周填写一次。

战胜挫折卡

时间	情境	父母的体会	孩子的心得

第 30 课 勤俭节约

现场直击

案例一

晚餐后，爸爸和小明放下碗，把筷子一撂，一人占据一个沙发。妈妈系上围裙，收拾碗筷，处理剩菜。妈妈在厨房喊道："小明，帮妈妈下楼倒一下垃圾。"

只见小明眼睛紧盯着手里的手机屏幕，嘴上还在跟朋友聊天："快救我，快救我。"对妈妈的喊声置若罔闻。

妈妈没办法，又叫爸爸："老公，下楼扔一下垃圾。"爸爸专注地看着电视，目光都不曾移开，用脚踢一下儿子："儿子，去扔垃圾。"

小明的手指还在手机上飞快地点着，像是在游戏的关键时刻，听到爸爸的话头也不抬，说："你怎么不去，你也没事。"

爸爸侧身在沙发上躺下，说道："啧，你这孩子。"很长时间过去，两个人都没有动。

妈妈洗好碗走到客厅，看着沙发上的父子俩，叉着腰说道："你们两个就长在沙发上吧，倒垃圾这么点小事我喊来喊去，也没人愿意动一下。"

案例二

餐厅里，爷爷奶奶带着孙儿在吃饭。

服务员笑着拿来一本菜单，问道："请问是谁来点餐呢？"爷爷奶奶都把菜单递给孙子小刚，小刚接过菜单，看着上面花花绿绿的图片：白斩鸡、水煮鱼、跳跳蛙、小羊排、玉米松子、菠萝饼……一口气点了好多。服务员礼貌地提醒爷爷道："咱们饭店做菜分量足，您三个人来用餐的话怕是吃不了这么多。"

爷爷摆摆手道："今天周末，带我孙子来下馆子，一切以他高兴为主，他点的都上。"

小刚满意地笑了："爷爷，我等下还想去吃肯德基，还有烤鱿鱼。"

奶奶摸着小刚的头说道："好孩子，咱们吃完饭就去。"

上菜了，水煮鱼放了辣椒，小刚几乎没动筷子，又嫌白斩鸡没味道，桌上的菜几乎没怎么动过，最后小刚只吃了几块羊排就说要走。

爷爷喊来服务员买单，三人又推开门，往肯德基店去了……

案例三

教室里自习的时候，小军拿出一个崭新的作业本开始抄写生词，但是第一笔下去就抄错了字。"唉！"小军叹了口气，把一整张纸撕下来揉成一团放在一旁。谁知道心烦意乱的小刚第二次又写错了，气得他摔了手里的钢笔，又撕掉一张纸。

也许是撕的时候力气太大，本子缝线的地方被他扯开了。小军看着手里的本子，干脆把纸全都撕下来，叫上同桌小红，说道："小红，我们来叠纸飞机玩。"

小红说："崭新的本子你就拿来折飞机？你不想用了也可以拿来画画或者打草稿呀。"

小军毫不在意，摆摆手道："这有什么，我妈妈开学给我买了一百个本子，画画和打草稿都有专门的本子，我要这个破本子干吗。"说着小军就叠好了一个纸飞机，放在嘴里哈口气，纸飞机朝前桌飞去。

问题聚焦

勤俭节约是中国人的一种传统美德，是中华民族的优良传统。古人云

"静以修身，俭以养德"。又说"俭，德之共也；侈，恶之大也"。养成勤俭节约的良好美德不但有利于孩子在成长的过程中修养身心，而且能杜绝很多坏习惯的养成。

物质资源是有限的，地球的承载能力也有极点。小到一个人、一个家庭，大到一个国家、整个人类，要想生存，要想发展，都离不开勤俭节约这四个字。然而随着物质文化的丰富，孩子勤俭节约的意识逐渐淡薄。从上述几个案例中，我们可以看出孩子勤俭节约意识不强。之所以出现这种情况，有以下几个原因。

一、父母没有树立勤俭节约的榜样

都说父母是孩子最好的榜样，父母的举手投足、一言一行都会被孩子模仿。如果父母没有树立勤俭节约的榜样，那么孩子自然也不会勤俭节约。案例一中，小明和爸爸吃完饭都没有帮忙做家务的习惯，而是都躺在沙发上看电视、玩手机，默认家务活都是妈妈的工作。在这个例子中，如果小明的爸爸以身作则，或者提议和小明一起去倒垃圾，孩子也许会感受到家务活是一家三口的共同责任，同时也会更加有担当和责任心，更加愿意参与劳动和为妈妈分忧。父母是孩子的榜样，妈妈勤劳，父亲懒惰，小明就容易学到懒散、推卸责任的坏习惯。倒垃圾虽然只是一件小事，但是"魔鬼藏在细节里"，好习惯都是在生活的一点一滴中慢慢养成的。

二、长辈过度溺爱，纵容孩子

长辈疼爱孩子是人之常情，而过度溺爱，无原则满足孩子要求则容易造成孩子铺张浪费的坏习惯，也不懂得珍惜别人的劳动成果。案例二中，爷爷奶奶不顾服务员的提醒，一心只想让孙子高兴。在孩子对于菜品的口味和烹饪手法没有概念，全凭图片点菜的情况下，不对孩子加以引导和要求，反而一味纵容。"不差钱"的消费心理就通过这样一次次的"下馆子"灌输给了孩子，久而久之，孩子说什么做什么都能得到满足，孩子也因此不懂得珍惜、尊重别人的劳动，极易养成自私自利的习惯，且这非常不利于孩子将来走上社会。即使走出家庭也很容易以自我为中心，不懂得分享、不懂得为他人着想。

三、孩子没有勤俭节约的意识奢侈消费

在案例三中，小军的妈妈开学时给小军买本子，一口气买一百个。其实一个小学生一个学期哪能用得了一百个本子呢？而这种奢侈消费的习惯却对小军的行为产生了影响，小军不珍惜自己的本子和钢笔，一个字写错就撕纸，心情不好就摔笔，面对小红的劝告，也满不在乎。是啊，对于小军来说，他还有九十多个本子，这个本子又算得了什么呢。

孩子没有勤俭节约的意识，因此他们容易变得不懂得珍惜别人的劳动成果。尤其在现在社会中，各种广告、促销能够引起大众的消费欲，诱使消费者购买了许多自己不需要的商品，如果孩子从小就养成了这种浪费的习惯，长大后也就成了这类广告的受害者，物质的欲望是会让人们冲昏头脑的。

专家支招

勤俭节约是中华民族的传统美德，勤俭节约能使孩子具备很多良好的品行，更有利于孩子的健康成长和发展。其实，家长们若意识到自己孩子铺张浪费的问题，就应及早给予指导，不要让孩子养成恶习。如果发现孩子有浪费的习惯，我们应该怎么做呢？

一、家长要以身作则树立意识

家庭是人生的第一课堂，父母是孩子的第一任老师，家庭教育是青少年成长过程中影响最重大的一个部分。不仅是父母对于孩子的直接教育，家庭各种行为、父母的日常习惯对于孩子也会产生潜移默化的影响。

家长是孩子心目中最易接受、最易模仿的人。如果家长的言行不一，无论他（她）对孩子如何说教，也难使孩子心服口服，甚至还会使孩子产生逆反心理。因此，家长必须随时随地检查自己的言行是否树立了好的榜样，自己的行为是否规范教育了孩子。

著名教育家陶行知曾说"教育就是养成好习惯"。为了让孩子从小养成勤俭节约的好习惯，家长必须以身作则。家长懒惰，孩子则学会了懒散。反之，家长勤劳，则带动孩子一起动手。家庭成员共同分担家务，养成良

好的家庭风气，会使孩子耳濡目染，受益终身。

二、及时纠正孩子的不良行为

每个家庭的孩子都是长辈手心里的宝。对于孩子，可以关爱，可以宠爱，却不能溺爱。这些爱的区分就在于家长是否对孩子有原则，有要求。古语云："父母之爱子，必为之计深远。"

家长在教育孩子时，要认识到，养成良好的习惯优于一时放纵给孩子带来的快乐，建立稳定的原则优于一时宽容孩子带来的轻松。日常要多关注孩子的言行，及时对孩子进行教育和沟通，让孩子明白是非黑白，养成对于行为习惯的判断标准。坚持勤俭节约的良好美德，拒绝铺张浪费的奢侈习惯。

在有要求、有原则的前提下，营造温馨平等的家庭氛围，让孩子在日常生活中积极面对错误，纠正错误，从而养成良好的行为习惯。良好的家教并不总是欢声笑语，良好的家教来自于张弛有度、立场坚定的教育和引导。

三、家庭规则要一致

爷爷奶奶这一辈的长辈往往充当着破坏家庭规则、过度溺爱孩子的角色，为了避免这类情况的发生，家中建立起一套清晰稳定的家庭规则就显得尤为重要。

建立一致的家庭规则，一方面让孩子在纪律和规范下生活，有助于建立良好的行为习惯。另一方面，也不容易出现爷爷奶奶过度溺爱孩子，在父母教育孩子的时候充当"保护伞"的情况发生。这样，孩子在稳定、统一的规则下成长，明白纪律之下没有例外，规则之下没有侥幸，这有助于孩子形成牢固的纪律意识，用家庭规则来规范自身的言行举止。

在勤俭节约的家庭规则下，全家人一起践行辛勤劳动、节约资源的原则，孩子也在原则的规范下茁壮成长。

学以致用

小小银行家

通过游戏的形式，让孩子们了解"钱"的概念。包括钱要如何得到，要不要存钱，如何投资，钱能为我们换来什么。这类游戏让孩子们在成长阶段形成对于钱的初步认知，明白了父母赚钱的辛苦，也认识到合理花钱的重要性。

第31课　智能时代

现场直击

案例一

"小华，你的作业做完了吗？"当时钟指向晚上八点时，小华的妈妈朝小华的房间问道。

"快了，快做完了。"小华的回答穿过房门传了出来。

……

"小华，你的作业做完了吗？"当时钟指向晚上九点时，小华的妈妈一边玩手机一边对小华的房门问道。

"快了，快做完了，别催了。"小华有点不耐烦的声音传了出来。

……

"小华，你的作业做完了吗？要睡觉了，明天要早起。"小华的妈妈一边刷着抖音，一边大声朝小华的房间喊道。

"快了，今天的作业多。"小华心不在焉地回答着。

"你是不是在玩手机？"小华的妈妈生气地叫了起来，边叫着边冲向小华房间。小华妈妈用力推开门，只见小华正趴在桌子上写作业。妈妈把作业拿了起来，一个手机躺在作业本下，屏幕上散发出蓝光。

"你……你……"小华的妈妈气得对小华一阵劈头大骂。

案例二

"爸爸，晚上把你的手机给我用一下。"吃晚饭时，小丽在饭桌上对她爸爸说。

"不行！"爸爸不假思索地回答道，"又想用手机玩游戏，想都别想……"

"不是啦！"小丽争辩道，"是老师要我们用手机完成听力作业。"

"别找借口，你就是想玩手机。做听力不会用录音机吗？想拿手机玩，别想。"小丽爸爸生气地说道。

案例三

"女儿、老公，告诉你们一个好消息，我中大奖了。"星期天早上一起床，小东的妈妈就开心地对女儿和老公说道。

"妈妈，你是不是在梦里中奖了，哈哈……"小东笑道。

"又在发神经，你能中到奖，猪都会长翅膀。"小东爸爸没好气地说。

"是真的，是真的。我给你们看。"小东的妈妈急忙拿出手机，翻到一条手机信息指给女儿和老公看，"你们看，你们看，我中了一等奖。奖金有四十八万，还有一台九千九百九十九的手提电脑。看，看，这里还有联系电话，有联系地址。骗子怎么会留电话、留地址，那么傻？"

"你才傻呢？我们老师说网上中奖百分之九十是骗人的。你不信，打电话问一问，他们一定会先让你交什么手续费呀，税费呀。"小东说道。

"就你聪明。打就打。"妈妈不服气地说道。

嘟……嘟……嘟……

电话很快被接通了，一个男中音从那头传了过来："这里是大玩家节目组，请问有什么能帮到您？"

"你们是不是有一个中奖节目？"小东妈妈迫不及待地问道。

"是的，感谢您参加我们的节目。请问您中了几等奖？"

"一等奖，一等奖……"

"恭喜您，您真是太幸运了。这个一等奖的概率是百万分之一。"

"真的？真的？我什么时候可以拿到奖品？"妈妈兴奋地说道。

"很快的，很快的，但我们也要按国家规定来做。按国家规定，每个人都要上缴个人所得税。你中了一等奖四十八万，按国家规定要上缴百分之十的个人所得税，也就是四万八的个人所得税，你先把税交到这个账号，奖金就会马上转到您账户上……"

"哈……哈……"站在旁边的小东听了后大笑起来，忍不住骂道，"你这个骗子，还想用这套骗人呀，我们负责法制的副校长和老师早就向我们说过你们的伎俩……"

小东的话还没说完，电话就给对方挂了。站在旁边的妈妈脸也红了起来，不由得小声说道："网上真是没有好东西，净骗人。"

"网上好东西多得很，是你没有慧眼。"旁边的爸爸打趣道。

问题聚焦

现在社会已逐渐进入了智能时代，其中智能手机对人们生活的影响最大，已是人们生活中不可缺少的一部分。智能手机给人们的生活带来方便的同时，也带来了许多消极的影响。综合分析起来，智能手机给我们家庭带来消极影响的原因有三。

一、孩子把握不了用手机的度

在这个智能时代，智能手机对孩子的吸引力，就如同我们小时候糖果对我们的吸引力。在我们的问卷调查中，玩过手机的孩子超过 95%，认为手机的吸引力大过电视的超过 90%，认为手机的吸引力超过书的超过 90%。从调查数据来看，手机对孩子的吸引力是非常强烈的。许多孩子也知道沉迷手机百害无一利，可他们一拿到手机就会被其中各种精彩的内容所吸引，忘记了吃饭，忘记了做作业，忘记了睡觉。就如案例一中的小华，一拿到手机就把作业放一边了。这是为什么？是因为我们的孩子自律能力还比较差，对使用智能手机还不能把握一个恰当的度。

二、家长对孩子使用手机的恐慌

许多家长对手机又爱又怕，爱的是给自己带来无数的方便，怕的是手机把自己的孩子毁了。尤其是现在媒体报道孩子因玩手机而走上歧途的事层出不穷。每当一个这样的消息传出，就会有无数的家长胆战心惊。只要自己的孩子提起要用手机就会如同被踩到尾巴的猫——惶恐不安，好像手机就是一个巨大的黑洞，要把自己的孩子给吞噬了。案例二中的家长就是如此，孩子一提要用手机，就认为孩子是玩游戏，就会不认真学习，就会让孩子坠入深渊。这些家长都对孩子使用手机产生了恐慌。

三、手机信息的驳杂混淆了真假

现在是一个信息爆炸的时代，每天通过各个途径传递给我们的信息数以千计。这些信息不仅量大，而且真假参半。正面的信息给我们社会和生活带来正能量，让生活变得更美好，但也有许多负面的、虚假的信息给许许多多的人和家庭带来无尽的伤害。如一些不良校园贷让一些大学生走上不归路，又如一些不雅视频让青春期的孩子堕落。这些不良信息扰乱了生活的平静，混淆了事件的真假，颠倒了世间美丑。如案例三中的妈妈就差点被诈骗信息给骗了。如此种种，使我们许多家长不敢也不能让我们的孩子使用手机。

专家支招

社会已经进入了智能时代，手机已融入了我们的生活。作为家长对孩子使用手机一味防禁是没有用的。正所谓：刀本无善恶，只在乎用刀的人。为此，智能手机本身不可怕，只在于我们是否能正确引导孩子使用它。对于大多数家庭来说，我们要冷静下来，重新评估手机对孩子的影响，采用恰当的方式来迎接这个智能时代的智能技术对我们传统思想和传统家庭教育方式的冲击。

一、以身作则

孩子玩手机，其实许多是受家长影响的。许多家长一有空不是陪孩子读读书，散散步，聊聊天，而是坐下来玩手机。自己一边沉迷于手机，一边叫孩子不要玩手机，这样的教育怎么会有效果呢？因此，我们的家长不想孩子沉迷于手机，先要以身作则，给孩子做一个好榜样。

二、制定规则

无规矩不成方圆。在这个智能时代，把孩子和手机隔绝起来，把手机视为洪水猛兽，这是不可取的。再说，时势的洪流是不可能堵得住的。因此，我们无法让孩子不使用手机，但我们可以与孩子制定使用手机的"约法三章"。一旦孩子使用手机，我们要强调使用规则，确认使用用途（看视频、玩游戏、看资讯、找资料……），强调使用时间等，让孩子明白规则，在规则中有限度地使用手机。

三、剖析利害

让孩子知道沉迷玩手机的坏处。长时间玩手机容易引起近视、颈椎不舒服、精神萎靡等问题，这些是孩子自己能感知到的玩手机的坏处，而学习成绩下降等方面的"隐性"危害，孩子可能不愿意承认是玩手机造成的影响，家长可与孩子"深度沟通"，引导孩子思考自己因为玩手机而带来的一系列不良变化，让孩子明确沉迷玩手机的坏处。

学以致用

一、孩子使用手机约定（来自美国的一位母亲）

第一条

首先要声明的一点是，这部手机是我买的。现在我将这部手机借给你使用。

第二条

我在任何时候都有权知道这部手机的密码。

第三条

如果手机响了就接听，这毕竟是一部手机。接听电话时要注意礼貌。如果来电显示是妈妈或者爸爸，你更要接电话。不可以忽略妈妈和爸爸打来的电话，绝对不允许有这种情况发生。

第四条

在有课的时候，每晚 7 点半要及时将手机交给妈妈或者爸爸，在周末

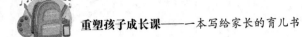

的时候可以在晚上 9 点交。晚上我们会将手机关机，在第二天早上 7 点半开机。在给你的同学打电话时一定要尊重别人家的生活方式。如果你希望身边的同学或者朋友尊重我们的家庭，那你首先要从自身做起。

第五条

不准带手机去学校。如果你需要和别人通过手机联系，能打电话就别发短信，这是生活的基本技巧。

第六条

如果手机掉马桶里了、掉地上了或者丢了，你必须对因此而产生的维修或者购买新手机费用负责。你可以割草坪、照顾小孩来挣钱，也可以将父母给你过生日的钱取出来。上面我说到的情况发生的概率很大，所以你要提前做好准备。

第七条

不允许使用科技伎俩来撒谎或者欺骗别人。不准用手机说一些伤害别人的话。

第八条

如果有些话你不想当面或者在电话上和别人说清楚，不准通过手机用发短信、电子邮件等方式表达。

第九条

如果有些事你不能在家里和父母说，更不许通过手机发短信、邮件等向别人表达。首先要从自身找原因。

第十条

不准用手机浏览不良信息。只能搜索那些你可以在父母面前拿得出手的问题和信息。如果你有什么问题的话，最好当面向人请教，尤其是向妈妈或者爸爸。

二、家庭使用手机约定

第一条：早上起床一小时内不玩手机。

第二条：家庭成员在沟通时必须放下手机，认真与对方交流。

第三条：晚上睡觉一小时之前不玩手机。

第 32 课　低碳生活

案例一

小方骑着自行车回到家里，有点懊恼地抱怨道："老爸，以后还是你开车送我去上学吧，今天我骑单车去又迟到了，被老师批评了一通。"

"还不是因为你又睡懒觉，要是早点起床早点出发哪能迟到啊，骑个单车也就十五分钟的路程。"小方的爸爸皱着眉头说道。

"唉，可是，坐车多快啊，几分钟就到了，比骑单车轻松多了。"小方反驳道。

"可不是嘛，就几分钟车程，孩子他爸，就载他一程吧，也省得孩子一早起来就赶着骑车上路，怪危险的。"小方的妈妈也劝道。

"是啊是啊，班上很多同学都是爸妈接送的，哪像我这么惨。"小方摆出一副惨兮兮的样子。

"人家跟你不同，人家的家离学校远着呢……"小方的爸爸还没有完全松口。

"哎呀，孩子他爸，就几分钟的事儿，咱也不缺这点儿油钱。"小方的妈妈打断道。

"行吧行吧，也不是不可以。"小方的爸爸也有点于心不忍，答应道。

案例二

"热死了,热死了!"小张一回到家里,就啪的一声打开落地扇的开关,又拿起茶几上的遥控器打开空调,将空调温度调到了21℃。

"回来啦? 天气这么热,真是辛苦了。"小张的妈妈听到动静后走出厨房,端给小张一杯冰西瓜汁,"给,解解暑。"不一会儿,妈妈疑惑地问道,"室内怎么这么凉? 21℃? 也太低了吧? 会着凉的。"说着就要拿起遥控器把温度调高。

"妈,别别别,这温度刚刚好,你看我身上汗都干了,不会着凉,舒服着呢!"小张一把抢过妈妈手中的遥控器。

"你骗谁呢,别以为我不知道,新闻上国家都建议室内空调开26℃,又舒服又环保。刚好你现在也凉下来了,就调回26℃吧,还省电呢。"

"别啊妈,26℃这么高我会热死的。"

"热什么啊,心静自然凉。都说要环保,省点电费吧。"妈妈又把遥控器抢了回来。

小张一计不成又施一计,开始胡诌:"妈,你不知道吗,老是把空调调高调低会增加它的负担,更加浪费电,这跟空调不能时开时关是同一个道理。而且啊,国家建议26℃,那是针对现在的空调,现在的空调技术好,制冷能力强,开到26℃就已经很冷了。不像家里这个用了这么久的空调,得开到20℃才能达到人家空调26℃的水平。"

"有这种说法吗,我怎么不知道?"妈妈半信半疑,最后还是把遥控器放回茶几上,回到厨房,没再管小张开空调的事儿。

案例三

下午放学后,背着书包的小李终于走出校门,一眼就看到站在车门旁的妈妈。妈妈走上前帮小李卸下书包:"老师讲完了? 我看到老师发微信说今天要留一些同学辅导一下作业,想着你应该要被留下来,就晚点来接,还好也没等多久。"

"嗯,本来有些题不会做,老师讲了几遍之后终于懂了。"小李点点头。

"那可真是辛苦老师了,真是个负责任的好老师啊。"妈妈欣慰而感激地说。

小李和妈妈一起向自家的车走去，突然小李"啊"了一声："我是班上最后一个走的，教室的灯和风扇忘记关了。妈，要不你在这儿等我一会儿，我回一趟教室把灯和风扇关了就过来。"

"傻孩子，"妈妈伸手挽留，"急什么，学校的电器等学生都走完了，自然会有人检查、有人去关的，用不着你来操心。现在都这么晚了，别管它了，赶紧回家吧。"

"可是，老师走的时候还说了，最后走的要记得关灯关风扇，而且在家里，有几次我忘记随手关灯，还被老爸说了。"

"哎呀，家里不一样，在家要省电省电费。在外面，学校里忘记关灯没人说你的。"

"这样还是不太好吧？"

"放心啦，这不是什么大问题，会有其他人去关的。走啦回家吧。"妈妈一边说一边拉着小李就往车那边走。

"哦。"小李看看妈妈，只好把本来想说的话吞进肚子里。

问题聚焦

越发凸出显著的环境问题为当今社会敲响了警钟，"低碳生活"的风潮如今逐渐兴起并被广泛提倡。然而，着眼于生活细节，不低碳、不环保的做法仍然屡见不鲜。通过分析上面的三个案例，不难看出此类低碳环保问题的原因主要有两个方面。

一、家长过度宠爱孩子，促成懒惰浪费的恶习

案例一的小方，即使家和学校离得近，但因为懒惰和不自律而睡懒觉导致迟到，还将迟到的原因归结于自行车这一健康环保的交通方式。而宠爱孩子的家长，也纵容了小方提出的乘车代步的要求，这不仅增加了不必要的石油浪费和空气污染，还助长了孩子懒惰浪费的恶习和作风。

案例二的小张，一味追求舒适奢侈的生活和享受，在正常温度已经能够满足人体凉爽舒适要求的情况下仍然坚持低温度、大电量，仅仅因为那

样"很爽很舒服",而对造成的浪费丝毫不在意。而小张的妈妈虽然本来对小张浪费任性的行为有所不满,但还是出于对孩子的纵容和宠爱,默许了孩子的不合理做法。

案例三的小李,原本在老师和爸爸的教育下有随手关电器的思想,但还没养成习惯,而小李的妈妈一方面出于不想让孩子多跑一趟的"护娃心态",一方面也代入了自己懒惰、事不关己、缺乏耐心的心理,懒得等小李再多跑一趟,并且如果妈妈遇到小李的情况,她也懒得多跑一趟。这无疑给孩子做了一个坏榜样,扼杀了小李尚未成型的好习惯的苗头,颠覆了小李尚不成熟的环保意识。

二、家长环保意识不足,不知低碳生活重要性

案例一的小方父母物质生活富足,不需要节省开车的油费,对他们而言,花几分钟开车接送孩子上学不是什么难事。但他们没有意识到的是,坚持让孩子用自行车出行,是更加难能可贵的事。短短的路程,骑自行车既能锻炼身体、节能减排,又能培养孩子自强自立的品格,养成低碳健康的生活习惯,可谓一举多得。而不必要的私家车出行"贡献"了碳排放量,给环境带来了不可逆转的破坏,且尾气排放和鸣笛噪声对人们的健康也是一种潜在的威胁。小方父母的做法,也侧面表现了现实中部分家长没有深刻了解到环境保护和低碳生活的重要性,那么在潜移默化下,孩子便会接受且习惯不节能、不环保的生活作风。

案例二的小张的妈妈虽然有节能环保的思想,但这种意识并不坚定,只是建立在平时看看新闻的基础上,对保护环境和低碳生活并没有真正地了解和实践,否则也不会听信小张的忽悠,放任他浪费电的行为。"低碳生活"在小张妈妈的眼里只是一句无足轻重的口号,一个可有可无的饭后谈资,并没有对其实际生活产生任何影响。家长如果对低碳生活不重视,就不能形成良好的环保氛围和作风,也就不能引导孩子树立尊重自然、保护自然的发展理念。

案例三中,小李的妈妈也有一点儿节能环保的意识,体现在"在家里会教育孩子随手关灯",但她关注的只是"在家里要省电省电费",这是很狭隘的环保意识,甚至更确切地说应该是为了省钱而关灯,假以节约环

保的美名。而这种狭隘的环保意识一放到外面的大环境下便原形毕露——小李的妈妈一点儿也不关心教室的灯和风扇没关会不会浪费电。小李的妈妈没有意识到的是，她这种狭隘的思想渗透着利己主义，打击了孩子节能环保的积极性，带着孩子离低碳生活的道路越来越远。须知保护环境是一项公共事业，是每位公民应尽的社会责任，关系着每位公民的切身利益。

专家支招

作为承担着社会责任的成年人，家长应该积极践行"低碳生活"，用实际行动响应国家号召，尽其所能地节能减排。作为祖国未来花朵的呵护者、监护人，家长应该从观念和行动上，正确引导孩子树立绿色发展理念。

一、树立低碳理念，从思想开始

低碳生活既是一种生活方式，同时更是一种可持续发展的环保责任。父母首先就要从思想上重视保护环境和低碳生活，将其根植于内心，并贯彻到自身言行举止的方方面面。只有父母先做好榜样，才不至于充当反面教材，对孩子的环保观念产生错误的引导。

父母要积极主动地了解环保低碳相关的知识，这是践行低碳生活的基础。可以充分利用网络强大的检索能力来学习，比如了解世界环境日、世界环保组织，等等。父母也可以在平时的相处和教育中，将这些环保知识灌输给孩子，让孩子了解环境保护的重要性，引导其树立尊重自然、顺应自然、保护自然的发展理念。

二、过低碳生活，从节约出发

低碳是一种生活习惯，更是一种节约身边各种资源的习惯，只要愿意主动去约束自己，改善自己的生活习惯，就可以加入进来。当然，低碳并不意味着就要刻意去节俭，刻意去放弃一些生活的享受，只要能从生活的点点滴滴中做到多节约、不浪费，同样能过上舒适的"低碳生活"。

父母不应一味追求过分奢侈的物质生活，健康理想的生活方式应该是低能量、低消耗、低开支的生活方式，在不降低生活质量的情况下，尽其所能地节能减排，把消耗的能量降到最低，从而减少二氧化碳的排放，保护地球环境，保证长期的可持续发展。

父母不应该过度宠爱孩子，对其娇生惯养，使其养成懒惰散漫、奢侈浪费的习气，而应有意识地培养孩子独立自主、自力更生、不怕吃苦的精神，让孩子懂得就算坚持低碳生活可能会有点麻烦、辛苦，但习惯成自然，而且低碳生活带来的精神享受才是真正的幸福生活。

三、低碳微行动，从小事做起

一些简单的生活细节和习惯，一点点累积起来，也能对低碳环保事业贡献出很大的一分力量。

树立绿色经济的生活观和消费观，养成物尽其用、减少废弃物的文明行为。

拒绝购买过度包装产品，选购无包装、简易包装、大容量包装产品。

少用或不用一次性产品，选购和使用可再生材料制品。

节约粮食，减少浪费，适度点餐，践行"光盘行动"。

绿色出行，尽量搭乘公共交通工具，减少私家车出行，多骑自行车。

学以致用

要践行低碳生活，直接而有效的方法就是从生活小事开始，逐步养成一些低碳节约的习惯，比如出门购物自带购物袋、随手关电源、少点外卖、水龙头不开到最大，等等。

引导孩子低碳生活，先以 21 天为一个时段，虽然 21 天不一定真的能养成习惯，但是能坚持 21 天，本身也能激励孩子不断重复行动，最后达到习惯成自然的境界。

请你和孩子商量出几个想要形成的低碳生活的好习惯，写到表上提醒激励你和孩子，并每天相互监督，检查有无贯彻执行习惯，每坚持 7 天就打一个勾。

"低碳习惯"打卡表

你和孩子想形成的低碳好习惯	第 1 周	第 2 周	第 3 周

第 33 课　学会自理

案例一

小果的爸爸常年在外地负责工程建设，妈妈做服装生意，进货时往往几天不在家。虽然住得不远的奶奶早晚也来帮助料理家务，但小果常常是自己独自在家。生活的磨炼，使他的自理能力很强。一天，他要出门，发现防盗门的锁坏了，钥匙插不进去。不锁门当然不行，怎么办？他一连想了十多种办法，滴油、买锁、借锁、打电话找妈妈、用绳扎、喊奶奶、请邻居、打110、找同学等，都不可行，最后他想到用自行车链条锁临时解决了问题。

案例二

周雨是个独生女，很聪明，学习成绩很好，在年级里一直名列前茅。可是妈妈太娇惯她了，从小任何事情都不让孩子去做，吃鸡蛋都是妈妈给剥好，周雨连袜子都不知道怎么洗。毕业后周雨进入寄宿学校，妈妈认为，只要有钱就可以免除孩子的劳动，如衣服多买几套，洗衣可以花钱去洗衣房，再不然带回家，给家长洗。谁知，进入中学后，周雨吃食堂不适应，带去的食物变质了也不知道，照样食用，因此经常生病、请假。天冷了，夜间睡觉，周雨不会裹被子，经常掉被子，又引起受凉，学习成绩也落下一大截，孩子失去了上进心。

案例三

思思家里，每周六都要有顿饭叫"露一手"。开始是妈妈来露一手，做红烧鲤鱼；爸爸来露一手，做爆炒鱿鱼；后来小姨、小姨夫来了，都要来露一手。妈妈说思思不能只是享受，也要来露一手。爸爸说，太好了。思思很高兴，要做炒土豆丝。在妈妈指导下，从土豆的削皮、洗净、切丝，到锅热放油、放作料、炒土豆丝，一步一步地做。终于，思思人生的第一盘"作品"出来了，尽管土豆丝有粗有细，盐多了点，酱油多了、黑了点，但是全家人还是鼓掌，"津津有味"地吃完了。妈妈对孩子说："炒土豆丝要注意什么，炒别的菜一样要注意，当然菜的原料不同，做法也不同。"这样，思思的手艺越来越好了。

问题聚焦

一、孩子已经长到了必须具有生活自理能力的阶段

自理，主要是指孩子生活自理、自我照顾的能力。生活自理能力，是指孩子在日常生活中照料自己生活的必备技能和劳动技能，懂得一些生活常识，能比较熟练地解决生活中遇到的困难。

孩子的自理能力，是孩子成长的需要，是一种自我意识。家长会留意到，从小，孩子就有"让我来""我自己做"的意识。对读小学的孩子来说，在生活中已经锻炼和形成了一些能力，但那往往是自发的，是不自觉的。孩子即将进入中学，生活的自理能力要求自然就高些，不只是在衣食住行，而且在待人处事中，都要摆脱依赖，独立思考，学会自理。

六年级孩子需要培养的自理能力，包括自控能力、自护能力、辨识能力、理财能力和排除困难的能力等。自控能力表现在学习方面，比如能给自己安排学习时间，自觉执行既定计划，能主动排除干扰，独立完成学习任务；表现在生活方面，比如根据季节懂得更换衣服，预防生病；生病了懂得依据经验和医生的嘱咐，定时服药；能够注意选择食物，自己会做饭炒菜；自护能力表现在交通安全意识方面，能自己独立乘车，也能够步行回家。初步学会择友，学会接待客人，解决生活中的小困难，学会急救，等等。

辨识能力表现在与陌生人接触能够从语气神情和语言上识别陌生人的真话、假话，而拒绝受骗；在交往的人群里能学会辨识某人的思想、性格、人品，而避免盲从；在饮食中能够从颜色、日期、包装上辨识物品的质量，而不至于误食危害健康；在家用电器使用或外出活动遭遇险境时，能够学会辨识危险、正确处理、避免伤害。

理财能力表现在有勤俭意识，对自己的零花钱能够学会有计划、有安排地使用：能够学会积攒、储蓄，学会帮助父母当家，合理购物，在衣服、食品、玩具和书籍等方面，不大手大脚，不去攀比。

排除困难能力主要表现在生活中偶尔发生问题时，不束手无策，不惊慌失措，能冷静地思考问题，想方设法，解决困难。

二、孩子具有自理能力是孩子生存与发展必备的素质

独立自主的自理能力是孩子健康人格的重要表现，是孩子生存的基本能力，是孩子成长的重要台阶，有助于孩子抗击挫折、尽快融入社会，对孩子的生活、学习以及今后事业的成功、家庭的幸福都具有重要的影响。可是，现在孩子的自理能力却令人担忧。上海某学校对500名小学生的调查发现，低年级97%的学生不会整理书包，中年级57%的学生不会洗碗，高年级68%的学生不会做简单的饭菜。天津市对1500名中小学生的调查发现，79%的学生离开父母就束手无策。高尔基说："爱孩子是母鸡也会做的事，但如何教育孩子却是一个问题。"这句话点中了要害。

专家支招

提高孩子自理能力，增强孩子的承受力和耐挫力

自理能力是孩子独立生活的必要条件，自理能力是人们生存、生活和发展所必须具备的基本能力。孩子已经长大了，无论男孩女孩，没有一定的自理能力，那怎么行呢？什么都依赖父母的"抉择""处理"，那今后遇事一定是手足无措的，尤其是孩子独自在外初次遭遇险境时，很容易惊慌失措，甚至上当受骗。

家长必须明白，生活的道路绝不是平坦的。会有成绩升降、测试失败、交往苦恼、早恋陷阱、购物矛盾等许多逆境。那么，怎样培养孩子的自理能力呢？这是一个需要仔细讨论的问题，是一个需要认真实践的问题。需要家长认真分析自己孩子的具体情况，有分析、有针对性地进行引导与培养。

（一）首先从培养孩子树立劳动观念入手

要让孩子明白，劳动可以创造幸福，劳动可以创造财富，劳动可以创造智慧。教育孩子明白哪怕是最简单的家务劳动，也需要知识，需要学习，需要智慧，一帆风顺的事是没有的。要教育孩子学会自理，就要从日常生活的自我服务性的劳动开始。也就是我们经常说的，自己的事情自己做。一个人不能总守着父母、依赖父母，总要走上社会，参加工作，总要自己独立生活，因此，没有一定的自理能力，是寸步难行的。

（二）培养孩子的生活自给能力

生活自给能力应包括起居、衣食方面的自理能力。这是孩子最基本的生活能力。这些生活能力方面的培养，主要是依靠在家平时的模仿、用心的学习和长期的锻炼，做父母的要多鼓励，做到"放手、放心"，不要怕孩子做得不好、做得慢，也不要怕浪费东西。

（三）培养孩子排除困难的能力

生活中总会出现一些意想不到的事情，当孩子遇到始料不及的困难时，父母要从自己的经历、别人的遭遇、媒介的介绍中，提醒孩子，开导孩子。比如，自行车胎被扎了——不要硬骑，就近修理；车钥匙丢了怎么办——把自行车停放在隐蔽的地方，再找大人解决；出了家门突然大风把门关死——不要爬阳台，可以打电话找家长；路上书包漏了、带子断了——可以抱在怀里；公交车中途坏了——看清站名问清路线，自己坐车；父母突然不能回家——自己看好家门；房间里忽然发现老鼠——打开通路赶走等。想让孩子在遭遇困难的情况时不至于惊慌失措，只有靠我们平时对孩子的教育、示范和锻炼。培养孩子的自理能力，要从培养孩子独立思考问题、独立解决问题入手，从身边小事入手，有意识地给予指导。

（四）培养孩子的管理能力

孩子的管理能力，包括时间支配、物品整理、情绪自控和理财能力等。现在许多学校开展"今天我当家""小鬼当家"的活动，是很好、很必要的事情。家庭里，可以让孩子从记生活收支账开始，从带孩子学习购物入手；可以给孩子一天的零花钱，锻炼其如何支配，到学会安排一周的生活费；可以给孩子开个账户，进行小额储蓄；做生意经商的家庭，可以带孩子学习进货、接待顾客，推销商品，学会结算等。总之，要让孩子接触钱、认识货币、懂得怎样消费和积累，懂得怎样精打细算、合理使用，懂得怎样安排一周、一月的生活。"今天我当家""小鬼当家"，是给孩子全家一天或者一周的生活费，让孩子负责安排采购、伙食、接待和安全等事项，锻炼孩子学会怎样统筹安排、勤俭节约，学会记账。并且把学习记账作为组织能力的组成部分来锻炼。有些家长把培养孩子的自理能力，归纳为"三步法"：第一步家长做示范，边做边讲解；第二步，家长和孩子一起做，边做边指导；第三步，孩子独立学习做，可以反复做，边做边总结。下面是孩子的体会：通过这次当家，我深深体会到当家是很累的。当家每天要考虑吃、穿、用的问题，每天要想到水、电、气的问题，要计划用钱，要合理安排家庭生活。我真不想当家，但是我必须学会当家。我今天当了一天"小家长"，虽然觉得很累，但是增强了我的劳动观念，培养了我的自理能力，让我真正体会到了"当家才知柴米贵"的含义，我要努力学习，不能辜负父母对我的期望。

（五）培养孩子的自护能力

孩子的各种安全问题，一直是父母颇为担忧的问题，单靠接送、陪读还不能解决这些问题，因此，人们从诸多事件和教训中得出一些经验。

1. 家用电器安全：父母要教会孩子怎样正确使用家用电器，出现问题时应该怎样处理。遇到危险怎样逃生、学会怎样简易灭火和断绝电源、怎样使用灭火器等。如煤气泄漏可用湿布掩鼻，油锅起火可盖盖，不可加水，外逃要跑向一楼，不要跑向高层，更不要跳楼等。

2. 交通安全：学习交通安全常识，严格自觉遵守交通规则，不闯红灯，不翻越护栏，过马路、铁路怎样左右看，乘船不要打闹戏水；在野外不盲目探险，不好奇，不到有危险标志的地方去玩。

3. 人际交往安全：教育孩子学会识别虚伪和欺骗的招数，不贪小便宜，不轻信花言巧语，不吃陌生人的东西；独自在家怎样接待陌生人，怎样处理"借钱""找人"圈套；在外面遇到坏人怎样"巧妙"应付，观察坏人特征，记住家庭电话，会拨打"110""120""119"等。总之，千方百计地让孩子多学一些自救自护的技能；既是父母的义务，又是一份沉甸甸的责任。

学以致用

【儿歌赏读】

滴自己的汗，吃自己的饭。

自己的事情，自己干。

靠人、靠天、靠祖上，不算是好汉。

人有两个宝，双手和大脑。

双手会做工，大脑会思考。

用手又用脑，才能有创造。

——陶行知

读了陶行知爷爷写给小朋友的两首儿歌，你明白了什么呢？

【从小事做起】

（1）在家中，自己的生活自己打理，自己吃饭、穿衣、叠被等；学做简单家务活。

（2）在学校，自己的学习自己管理，整理学习用品，物品摆放有序；做好值日生。

【制订计划】

提示：通过以上的学习，孩子一定懂得了什么叫作"学会自理"，也知道"学会自理"的重要性，请根据实际情况，制订一份实践达标计划书！

"学会自理我能行"个人计划书

自训口号	训练时间（坚持　天）
	月　日——　月　日
重点训练项目：	特聘见证人（2～3名）
1.	
2.	
3.	

签名：＿＿＿＿＿＿

家长的赠言

【实践训练】

1. 生活中自理的实践情况（可贴实践照片）：

2. 参加学校或班级相关活动情况（可贴实践照片）：

实训感言：

【攻关记录】

"学会自理"养成要点及典型表现	第一周每天自评或他评情况						
穿戴整齐	周一	周二	周三	周四	周五	周六	周日
1. 每天自己洗脸刷牙，讲究个人卫生▲							
2. 自己穿衣、系好红领巾，着装整洁▲							
3. 自己背书包上下学							
文明就餐							
1. 饭前要先洗好手，自主拿好餐具▲							
2. 吃饭过程中做到三个不，即"不讲话、不洒汤、不剩饭"							
3. 在食堂就餐安静有序地排队，饭后到指定地点把餐具摆放整齐							
整理物品							
1. 按时起床，起床后要叠好被子▲							
2. 定期整理自己的房间，物品分类摆放，整齐有序▲							
3. 定期打扫地面、桌椅，做到干净、无灰尘▲							
学习管理							
1. 睡前检查作业、文具，将需要的学习用品放进书包▲							
2. 在规定的时间内完成作业，不拖拉，不依赖他人督促							
3. 课前要把课本、文具等摆放在课桌的左上角，课桌内物品要摆放整齐							

注：加▲表示主要由家长帮助指导和考评。达标打"√"表示本周见证人抽查情况：

完全达标（   ）基本达标（   ）

未达标项目：_____

【矫正巩固】

提示：在学会自理实践活动中，尚有几项做得不够好哦，请尽快矫正。
（可在家长和老师的指导帮助下完成。）

矫正项目：＿＿＿＿＿＿＿＿＿＿＿＿＿＿＿＿＿＿＿＿＿＿＿＿＿＿

矫正目标：＿＿＿＿＿＿＿＿＿＿＿＿＿＿＿＿＿＿＿＿＿＿＿＿＿＿

矫正期限：＿＿＿月＿＿＿日——＿＿＿月＿＿＿日（连续坚持 21 天）

矫正效果：＿＿＿＿＿＿＿＿＿＿＿＿＿＿＿＿＿＿＿＿＿＿＿＿＿＿

监督人签名：

矫正项目：＿＿＿＿＿＿＿＿＿＿＿＿＿＿＿＿＿＿＿＿＿＿＿＿＿＿

矫正目标：＿＿＿＿＿＿＿＿＿＿＿＿＿＿＿＿＿＿＿＿＿＿＿＿＿＿

矫正期限：＿＿＿月＿＿＿日——＿＿＿月＿＿＿日（连续坚持 21 天）

矫正效果：＿＿＿＿＿＿＿＿＿＿＿＿＿＿＿＿＿＿＿＿＿＿＿＿＿＿

监督人签名：

矫正项目：＿＿＿＿＿＿＿＿＿＿＿＿＿＿＿＿＿＿＿＿＿＿＿＿＿＿

矫正目标：＿＿＿＿＿＿＿＿＿＿＿＿＿＿＿＿＿＿＿＿＿＿＿＿＿＿

矫正期限：＿＿＿月＿＿＿日——＿＿＿月＿＿＿日（连续坚持 21 天）

矫正效果：＿＿＿＿＿＿＿＿＿＿＿＿＿＿＿＿＿＿＿＿＿＿＿＿＿＿

监督人签名：

【审核奖励】

班级"学会自理"好习惯养成考核小组意见：

＿＿＿＿＿月＿＿＿＿＿日

证　书

________同学：

你经过努力，在“学会自理”好习惯养成互动中表现良好，现授予“学会自理好习惯”奖章一枚，以资鼓励！

小学少先队______中队
好习惯考核委员会

______年______月______日

提示：亲爱的小朋友们，在“学会自理”好习惯养成实践活动中，你一定有许多收获或者感想吧，跟爸爸妈妈、老师同学说说吧！

“学会自理”我能行 ____________我想对您说：

给爸爸妈妈的建议

亲爱的家长朋友：

小学阶段是儿童养成良好行为习惯的关键期。巴金说："孩子的成功教育是从好习惯培养开始。"

我校是东莞市小学生好习惯养成教育实验小学，本着"交给学生一生有用的东西"和"让学生在规范的空间里自由发展"理念，精选了人生终身发展必备的、在小学教育阶段应当养成的、过期难以弥补的 18 个基本好习惯，遵循小学生的认知规律和教育规律，编印了这本"学会自理"自训手册，供小学生操作实践用。

为了让您的孩子好习惯养成取得更好的成效，恳请您支持与配合学校做到以下几点：

1. 关注孩子循序渐进地开展好习惯养成实践；

2. 本册习惯养成要点和典型表现加▲的内容表示主要请家长参与指导和考评；

3. 请多鼓励孩子，适时写上您的赠言，这会给孩子莫大的鼓励；

4. 一个好习惯的养成至少需要坚持 21 天，其中最关键的是孩子公关实践第一周，请及时给予孩子关心、帮助、指导和督促；

5. 您认为有必要，请及时与班主任老师联系。

第34课 劳动光荣

现场直击

案例一

小于家里经济条件比较优越，从小就在幸福呵护中成长。由于家里只有小于一个孩子，再加上体弱多病，因此父母更加疼爱他。在家里，妈妈从不让小于干家务活，而爸爸和家里的爷爷奶奶也没有说什么。

"妈妈，我明天要穿的衣服呢？你放到哪里去了？"小于对着妈妈喊道。

"放心，宝贝，妈妈都已经叠好放在你房间的书桌上了。"妈妈回道。

"好的，谢谢妈妈。还有，妈妈，我鞋子昨天下雨弄脏了，老师说体育课要穿。"

"好好，妈妈会帮你洗好的。"

这天，小于趁老师请假，下午就没有留下来值日。第二天，老师打电话给小于的妈妈说了这个情况，小于的妈妈不但没有批评他，反而跟他说："小于，教室里的卫生能不搞就不搞，不要累着自己，让别人去做吧！"

之后，小于更是变本加厉，值日经常逃跑，对老师的批评也丝毫不放在心上。

案例二

小微是一名可爱的小女生，爱好广泛，善于交际，喜欢体育运动，会写书法、弹钢琴，每个爱好都小有成就，学习成绩也是名列前茅，是父母所期望的品学兼优的学生。正是因为学习成绩太好，有时爸爸妈妈担心耽误她学习，就不让她承担家务活了，总是对她说："你只要好好学习就可以了，家里的事不用你操心。"

这天，老师布置了一个家庭作业，和父母一起完成一项家务活。她想了想："那我和妈妈一起整理衣柜吧！"妈妈却说："我来做就好了，你去学习！""不行，老师说要一起完成。""好好，那你来吧！"结果，她想去帮忙叠衣服，却发现自己不知如何下手。她这才发现自己原来连一件衣服都不能叠好，而妈妈却只是说："没关系，你不会，妈妈帮你收拾就可以了，你赶紧去学习。"

案例三

这天，小爱跟着爸爸妈妈出去逛街，她看到商场里的一位清洁工阿姨正在打扫，忍不住跟妈妈说："妈妈，那位阿姨好辛苦啊！一直在那么脏的厕所里扫地。"

"小爱，你看，只有学习不好的人才干体力活，有出息的人都干脑力活，清洁工又脏又累，谁想去做。你不好好学习，将来只能做像清洁工这样的脏累活，学习好了，以后有钱了可以让别人替你洗衣做饭，不用自己劳动。"妈妈看着清洁工说道。

问题聚焦

劳动像盛开的鲜花，焕发出美与力量，世界上最美好的东西都是由人的劳动创造出来的。劳动的意义里渗透着丰富的人生哲理，劳动的过程饱含着幸福与快乐。要在学生中弘扬劳动精神，教育引导学生崇尚劳动、尊重劳动，懂得劳动最光荣、劳动最崇高、劳动最伟大、劳动最美丽的道理，长大后能够辛勤劳动、诚实劳动、创造性劳动。劳动教育是一个系统工程，贯穿家庭、学校、社会各方面，其中家庭是对孩子进行劳动教育的起点，起着基础教育的作用。但是新时代家庭劳动教育还存在着许多问题，需引起家长们的重视并解决，以更好地发挥家庭劳动教育的基础作用。

一、过度保护孩子，孩子缺乏独立自理的能力

父母爱自己的孩子这是天性使然，可缺失了"度"的爱就变成了溺爱。这种溺爱分为两种，一种是"爱"，还有一种则是"怕"。"爱"就是舍不得，心安理得让孩子享受"衣来伸手，饭来张口"的待遇；"怕"就是担心，希望给孩子营造绝对安全的环境，这样做的后果就是把隐患与机会一起隔绝了。无论是"爱"还是"怕"，力道正好是孩子的"养分"，过了头就不利于孩子的成长。一方面家长对孩子的过度保护和包办代替，只会让孩子逐渐丧失独立自理的能力，孩子没有自理能力，最直观的表现就是遇事推卸责任，没有责任心。他们总觉得有任何事情家长会替我承担，就算是我犯了错，那也不是我的原因。这种生活方式会让孩子缺乏责任心，将来如何在社会上立足？其次让孩子习惯依附于别人生活，容易养成懒惰的坏习惯，孩子越来越懒，什么事情都不想做。慢慢孩子就会觉得这一切都是应得的，心安理得地享受父母带来的一切，这样下去孩子不懂得感恩，将来何谈孝敬父母？如案例一中小于的父母这种过度保护孩子，包办代替小于的一切，甚至纵容小于推卸自己的劳动责任，只会让孩子变成一个"行动上的矮人"！

二、只重视孩子学习，忽视孩子劳动习惯的培养

小学生"高分低能"似乎成了一种奇怪的现象，而出现这种现象，其根源与家长只重视孩子学习，把劳动教育放在孩子学习的对立面，忽视孩子的劳动教育有莫大的关系。很多家长都有的一个错误认识就是：孩子只有全神贯注在学习这一项任务上，才能学习好，其他所有的事情都是在分心。家长只让孩子学习，殊不知，青少年时期是人的一生中可塑性最强的时期，这个时期就是打下基础的阶段。错过了这段黄金时期，等孩子长大了再来教育为时已晚。就如案例二中的小微学习成绩很好，当她发现自己不会收拾衣柜的时候，妈妈反而没有趁机教育，而是选择继续忽视这个问题，妈妈的眼里只有孩子的学习，长此以往孩子的劳动能力必然丧失。

三、曲解劳动精神，没有树立正确的劳动价值观

中国劳动关系学院教授乔东将"劳动精神"诠释为，每一位劳动者为

创造美好生活而在劳动过程秉持的劳动态度、劳动理念及其展现出的劳动精神风貌。根据乔东教授的阐释，每一个人都可以通过劳动去创造属于自己的幸福生活，哪怕你是在非常平凡的岗位上。然而现实生活中，有很多人对"劳动精神"有着很大的误解，而孩子也在家长的熏陶下接受了这些错误的认识："劳动就是体力劳动，都是苦脏累、工资待遇低的活儿，除了家务活、校内值日，劳动离我们很远。""我爸在工厂工作了半辈子，十分辛苦，他不愿意让我进工厂工作，说赚的钱还没有菜市场阿姨多。""只有学习不好的人才干那些又脏又累的活，不好好学习，将来就只能去农村养猪。"……这种狭隘的成人成才观，只会引导孩子歪曲理解劳动意义。我们常说劳动光荣，作为家长都未能重新审视新时代下的劳动观，那我们的孩子又该如何树立正确的劳动价值观呢？就如案例三中孩子都懂得体恤清洁工阿姨工作的不易，可是家长却反而看不起清洁工，认为这只是苦脏累的活儿，没有任何的意义。青少年正处于形成人生观、价值观、世界观的初期阶段，因此家长积极更新家庭劳动教育观念显得尤为重要。

专家支招

"一粥一饭，当思来之不易；半丝半缕，恒念物力维艰。"父母要鼓励孩子铭记劳动是光荣的，劳动是快乐的，劳动也是必要的。那么父母在孩子劳动教育这一块应该注意些什么呢？

一、杜绝包办代替，把握孩子的成长关键时期

苏联教育家苏霍姆林斯基提出孩子从可以拿起勺子吃饭那刻起，就应当接受劳动教育，竭力使劳动在幼儿懂得社会意义之前就进入其生活。父母及时把握对孩子进行劳动教育的关键期，对于孩子劳动技能与行为发展具有重大意义。因此，作为家长必须树立科学的育儿理念，杜绝包办代替，不能简单地以"为了你好"为出发点，却只做"我以为"的事。首先，家长要学会"偷懒"，学会放手。例如，当孩子看到妈妈在洗碗时，可以让孩子参与洗；当孩子看到爸爸在修家用电器时，也可以让孩子试试。家长抓住开展劳动教育的好机会，肯定孩子的劳动积极性，激发他们的

劳动热情。

在这个教育过程中，家长可以先让孩子做一些简单的小事，伴随孩子年龄的增大，逐渐增加家务事的复杂程度，并且对其所要完成事情的范围和进度等提出具体的要求，督促他们认真完成。当孩子遇到困难时，家长要耐心指导帮助，不能因为孩子动作慢或做得不好就横加指责，更不能直接替代孩子完成，避免挫伤孩子的自信心。

二、平衡学习劳动，重视劳动教育的综合价值

对待学习和劳动两者的关系，家长必须要有清晰的认识。学习需要专注力，这毋庸置疑，但学习的专注力指的是学习的时候要聚精会神，一心一意，并不是说每天的每时每刻都要专注于学习。学习和劳动，启用的是不同的脑细胞，劳逸结合，反而利于提高学习效率，所以，劳动与学习是相辅相成的，并不对立。例如英国的查尔斯王子酷爱园艺，三国时期刘备入蜀雄霸一方，依然时常编草鞋，他们都是在利用这些体力劳动去对冲令人焦灼的其他大事。同样，孩子学习压力大，而劳动恰恰能缓解这种学习压力，使其身心放松。

其次，除了学习外，家长还必须看到劳动教育所具有的综合价值。一方面，劳动可以让孩子学会感恩。许多家长都感慨，现在的孩子好吃好喝，除了学习什么都不让他们干，却一点感恩的心都没有。但追根溯源还真的不能怪孩子，孩子什么都没做过，没有体会过家务活的烦琐，就不知道妈妈劳作的辛苦，没有下地体验过种地的艰辛，就不可能知道粮食的来之不易，没有下海捕捞过，就不知道渔民风吹日晒的辛苦。家长要引导孩子懂得购买的任何商品都是劳动的结晶，都是通过劳动生产出来的，家长购买商品的货币也是通过辛勤劳动挣来的。这样孩子才会懂得劳动的不易，珍惜劳动成果，学会感恩！另一方面，劳动让孩子增长智力。劳动不仅能强身健体，还会使智力水平得到提高，现在的孩子，大都生活在钢筋水泥的丛林中，被长辈们保护得四体不勤五谷不分，被电子产品驯化得早早戴上了近视眼镜，甚至连玩耍都怕弄脏了新衣服，造成与大自然、与劳动的严重脱节。要通过劳动促进学生智力发展，热爱劳动的学生，往往有着明晰、

好钻研的头脑。譬如孩子在布置自己房间或者美化家庭环境时，可以把劳动与审美相结合；孩子清洗衣物时，学会熟悉不同面料污渍该如何去除，这就将劳动与文化知识相结合了。

所以劳动教育既是生活的一部分，也是学习的一部分，家长必须平衡好孩子的学习和劳动教育，培养好孩子的劳动习惯。

三、更新劳动观念，树立崇尚劳动的良好家风

家长从小就要在孩子幼小的心灵埋下劳动的种子，上好孩子的劳动第一课。要引导孩子热爱劳动、崇尚劳动，让孩子树立正确的劳动观念。家长要让孩子认识到劳动的重要性和崇高性，劳动是人的立身之基，劳动创造着我们的物质财富和精神财富，劳动创造着社会上的一切进步，不能让孩子认为苦脏累的活儿就是低下的劳动，因而对劳动带有偏见。

劳动教育是一个潜移默化的过程，要想在孩子心中深植"劳动光荣"的理念，不只是书本上，更需要一系列的活动去引导，参与活动的过程就是观念形成的过程。家长可以多给孩子观看"劳模"的故事，例如参观"劳模"纪念馆，参加"致敬最美劳动者"等，不再局限于家务的活动，引导孩子学会尊重每一个劳动者，树立劳动光荣理念。

学以致用

言传身教好榜样，请父母和孩子一起开展每周劳动实践，做好示范与指导，多鼓励支持，多交流分享，还可以用镜头记录下孩子从事劳动的美好瞬间，制作成微视频和同学们分享哦！

周次	劳动项目	教育内容
1	环保劳动	《水泡绿豆苗》（盆植）
2	家务劳动	折衣服
3	家务劳动	做水蒸蛋
4	家务劳动	煮水饺
5	社区劳动	捡垃圾
6	家务劳动	洗碗筷
7	创造劳动	用巧妙方法分辨生熟鸡蛋
……	……	……

第35课　合理消费

案例一

今天是元旦，华润商场正在搞大型促销活动，有的商品打五折，有的打三折，还有的买一送一。妈妈带着小明去逛商场。小明拉着妈妈来到名牌运动服专卖店，对妈妈说："妈妈，我要买这身名牌运动服。今天刚好打五折。平时要1000多元，现在500多元就可以买到了。"妈妈说："你不是有一身新的运动服了吗？""那不一样，普通运动服没有名牌运动服那么有型，班上同学们现在穿名牌运动服的多，我还穿普通运动服多没面子啊！"妈妈想了一下："再穷不能穷孩子，我们现在的生活水平提高了，也不在乎几百元。再说这价钱已经比平时便宜多了。"于是，妈妈就咬咬牙给小明买下了这套名牌运动服。买完衣服，妈妈又想："难得今天商场搞打折活动，东西比平时便宜很多，这样的机会不多。我要继续购物。"于是，妈妈拉着小明又买了各种营养品、名牌衣服等，又花了1800元左右。小明和妈妈提着一大堆大包小包的商品，满载而归。回到家，妈妈才发现，自己买的很多东西都是现在用不上的。可是不买呢，东西实在便宜，又怕失去机会，等下次打折还要等很长时间。

案例二

小青今年读六年级，他出生在富裕家庭，父母经商。由于做生意要经常参加各种应酬活动，所以父母都很讲究衣食住行，吃的穿的用的都是名牌产品。平时父母都会给小青很多零用钱。小青从小就受父母追求名牌产品的不良影响，喜欢攀比，吃的穿的用的都是名牌产品。小青还经常请同学吃东西，炫耀自己。同学们都很敬佩小青，把他当成"小皇帝"一样。小青因此扬扬得意。春节过后，小青收到了一万多元压岁钱。开学了，小青用2000多元压岁钱请了自己的一帮好朋友吃日本菜。然后又用压岁钱买了一部五千多元的带摄像头的彩屏手机，剩下的钱又买了平板电脑和名牌运动鞋。小青年纪轻轻就有充阔摆富的心理和习惯，因为他依仗家里有钱，父母又经常给他很多零用钱。而小青的父母从小受过困苦生活，现在有钱了，不忍心孩子受苦，所以对孩子过分溺爱和放纵，任由孩子随意大手大脚花钱。小青的父母认为自己家庭条件优越，就应该让孩子吃好穿好用好。

问题聚焦

随着社会经济发展，人民生活水平日益提高，在当前社会经济、文化背景、消费观念和校园微观生活环境等各种因素影响下，学生表现出与众不同的消费观念，例如：各种消费都要跟着时尚走，跟着名牌走，跟着大众走，跟着潮流走，跟着请客的走……当前孩子消费存在很多误区，概括起来有以下几种类型。

一、追求时尚心理和爱美心理

追求时尚心理主要表现在追求商品的款式、色彩、造型、功能、包装等合乎时代潮流的因素，具有时代气息的心理。现在的学生具有强烈的时代意识，喜欢接受新事物。例如案例一中的小明和案例二中的小青，他们在消费上毫无节制，通常是新产品的追求者、试用者和代言人，一些产品刚刚上市，这些人就好想拥有。这些产品通常是新款的学习生活用品，如：笔记本电脑、手机、服饰、运动用品等。这些人喜欢频繁购买新产品。而一部分女同学则热衷于追求美丽而时尚的物品，如发型、美容美发产品、化妆品、金银首饰等。孩子从小就追求时尚，学会打扮，究其原因，主要是父母对孩子的消费观念缺乏正确的指导，或者父母本身存在错误的消费观念，对孩子造成不良影响。

二、趋同心理和唯一心理

趋同心理表现在消费时，由于受主观或客观因素的影响，采取与多数人相同的消费观念或消费方式，从众心理较强。例如案例一中的小明看到班上很多同学都穿某一个品牌的运动服，他怕自己没有穿这种运动服会被同学看不起，就要求妈妈给他买这个品牌的运动服。而唯一心理则是同学之间的自尊心和虚荣心在作祟。例如案例二中的小青同学家里有钱，在穿着打扮和日常用品使用上追求出众的"唯一"心理，不想其他同学拥有和他相同的产品。因此在购物时往往选择价格昂贵的产品，让他在同学面前很有面子，让大家都崇拜他，敬佩他。由于当前学生的个性张扬，独立自主意识较强，因此很容易表现出与众不同的心理，喜欢通过各种方式来展示自我，夸耀自己。

三、价高物美心理

例如案例一和案例二中的孩子认为价格高的东西才是好东西。于是在买东西时，不量力而为，一味追求价格高的产品。而父母则对孩子过分溺爱，孩子要什么就给什么。父母的有求必应更加助长了孩子畸形的消费心理。

专家支招

父母如何指导孩子学会合理消费呢？在具体培养方式上，建议父母可以从以下几方面去做。

一、父母可以通过多种方式结合，抓住有利时机，对孩子进行消费教育

孩子随着年龄增长和生活需求的增多，以及自我意识的增强，自主消费的要求不断提高。父母可以通过多种方式结合，抓住有利时机，对孩子的消费心理进行教育与指导，增强孩子正确的消费心理和消费观念，让孩

子学会生活，学会做人。

父母在孩子面前要做好合理消费的榜样。

要想孩子学会合理消费，做到勤俭节约，父母首先就要树立合理消费的好榜样。榜样是最好的教育与沟通方式。如果孩子看到父母大手大脚乱花钱，孩子也很容易学会乱花钱。如果孩子看到父母勤俭节约，合理消费，孩子就会受到教育，凡事都勤俭节约，不会大手大脚，自觉养成合理消费、艰苦奋斗的好习惯。

二、父母指导孩子做好小管家，参与家庭日常收支管理

有些孩子花钱大手大脚，经常向父母要零用钱。对于这种孩子，很多父母都束手无策，完全不给孩子零用钱，孩子和父母很容易产生矛盾和冲突。但是如果父母有求必应，百依百顺，孩子就会变本加厉。如何让孩子学会有计划、有节制地花钱呢？父母可以让孩子了解家里的经济状况，参与家庭日常收支管理。

父母可以制定一份家庭日常收支管理表，告诉孩子家里每个月的收入情况，例如工资或其他收入，以及家里每个月的固定支出，例如水费、电费、煤气费、米面费、买菜费、买衣服日用品费、买学习用品费、培训教育费、乘车费等基本支出费用。总收入减去总支出，就是每个月的净收入，对这些净收入，可以拿到银行储蓄。父母通过指导孩子做好小管家，参与家庭日常收支管理，做好消费记录，教育孩子学会正确用钱，学会勤俭节约。父母要指导孩子把零钱用在买学习用品上，不能乱花钱。

在美国，父母从 3 岁起就教导孩子学会赚钱、花钱和借钱，学会做家务。而中国的父母由于对孩子过分溺爱，娇生惯养，如何教育孩子学会理财成为摆在中国父母面前的一大难题。

孩子通过做小管家，参与家庭收支费用管理，就会懂得家里的钱用在什么地方，用了多少，还剩多少。孩子就会懂得怎样花钱，怎样把钱用在该用的地方。

三、父母指导孩子学会花钱

父母要指导孩子学会花钱，不能让孩子随便花钱，任意挥霍。有些父母，

碍于面子，孩子要多少零用钱就给多少，怕不给孩子零用钱会影响亲子感情。也有些父母出于补偿心理，满足孩子的需求，对孩子有求必应。这些父母的做法是错误的。因为他们根本没有指导孩子学会花钱。为了指导孩子正确使用零用钱，父母要从以下几方面着手。

1. 父母指导孩子花钱要制订计划表

孩子有零用钱后，父母要指导孩子学会做预算和结算：谁给了多少钱？最近要买什么东西？估计能剩余多少钱？父母都要有计划指导孩子花钱。

2. 父母指导孩子花钱要用在有需要的地方

父母要鼓励孩子把零用钱用在对自己学习和生活有需要的地方。例如：用零用钱买学习用品、作业本和文具，而自己不需要的东西就尽量不要买，以免造成浪费钱财。更不能把零用钱用在买游戏机和买零食上，不能让孩子有攀比心理。例如：用零用钱去买名牌产品，等等。

3. 指导孩子学会储蓄

有些孩子过年得到亲戚朋友给的压岁钱数目比较大。这时候，父母应该帮助孩子把零用钱存到银行。孩子平时得到的零用钱，父母要鼓励孩子存起来。孩子要从小学会储蓄零用钱，可以让孩子懂得积少成多、积沙成塔的道理；也可以提高孩子的生活自理能力。当孩子储蓄的零用钱达到一定数量时，父母可以把这些零用钱用在买课外书、买学习用品或去旅行等方面。孩子体会到存钱的好处，就会渐渐养成储蓄的好习惯，不再乱花钱。

学以致用

父母给孩子零用钱并不是坏事，关键是父母要做好指导，让孩子合理使用零用钱，做到合理消费。孩子花钱如流水，常常问父母要零用钱，一是他们不懂得合理消费；二是他们不懂得家里的经济收入支出情况；三是父母有求必应，导致孩子没有做好花钱的计划。请你参考下面表格中的案例，引导孩子做到合理消费。

小管家家庭收入支出管理登记表

家庭收入项目名称	工资收入	房屋出租收入	利息收入				
收入数量							
家庭支出项目名称	水费	电费	买菜费	粮油费	交通费	衣着费	房贷支出
支出数量							
每月结余数量	总收入（　　）—总支出（　　）= 剩余（　　）						

孩子零用钱使用计划表

零用钱使用项目名称	买文具	买课外书	买食品	买衣服	买玩具	买鞋	坐车	吃饭、娱乐及其他支出
使用数量								
剩余数量	总收入零用钱（　　）—总使用零用钱（　　）= 剩余零用钱（　　）							